奔向布滿星星的原野

穿過一

四蹄飛濺

牠一頭鑽

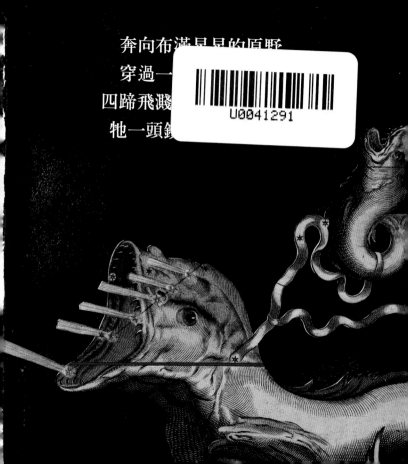

Ephemeris observationum Cometæ hyemalis A.C. 1664 mens. Nov. et Dec.

1664. Dec.

Nov. 22.1 Kechel Lejd.
Dec. 30
Nov. 31 Mejer. Nasum
Dec. 3 3 Mejer.
4 4 Saltzburg
5
3 5 Mejer. Hav. Hag. Com.
13 5 6 Hevel. Gedan. Kirch. Rom.
14 Grav. Francq. Siver. Hamb.
8. 7 Hevel. Hav.
8 8 Salich
17 9 Siver. Rudbeck et Fornel. Ubsal.
10 Hevel. Buthner. Gedan.
18 Basman. Hamover et Kirikel et Gerde. Ro. Schorer. Menning
4 Siver.
12 Digisfer. Trident.
19 Gott. Bufeo. Rudb. Fornel.

12 13 Salisb. Stuttgard. Ingolstad.
Dublin. Nibern. Digisfer. Schorer
14 Norel. Bullial. Par. Grav. Digisfer. Schorer

1664. Dec. 22 25 Digisfer. Gott. Bullial.
3 26 Nevel
21 27 Kercher. Digisfer
18 Mani. 2.
14 19 Digisfer
20 Norib.

23 Stuttgard
16 24 Grav.
26 25 Gottin
26 Norib.
27 Stuttgard
28 Norsad.
19 Gottin. Buem. Kirch.
30 Mani Nevel. h. 2.
10 31 Norib.
22 32 Kirch. Gottin. Digisf.
33 Hevel. Kirch. Gottin. Digisf.
34 Saksh
35 Hevel. Gottin. Digisf.
36 Grav.
37 Siver. Namb. vesp. h. 12.
38 Siver. Man. h. 2.
39 Hevel. Digisf. Colon. Agryp.
40 Norsad
Dec. 41 Busm. vesp. h. 6.
42 Siv. vesp. Rejher. Rintel. h. 4.
43 Hevel. vesp. Reihen h. 10.
44 Grav.
45 Nev. Gott. Busm. Digisf. Siv.
46 Bartholm.

21 60 Nev. Su. Rgh. Su.
15 61 Hev. Su.
1665 62 Hevel. Grav. 11 Rgh. Su.
4 63 Barth. Grav. Hamov. Su.
Rudb. Gott. Geogr. Su.

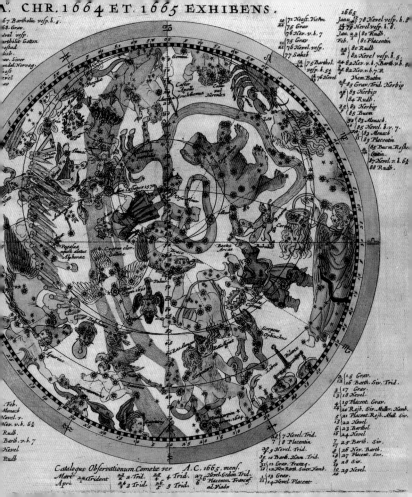

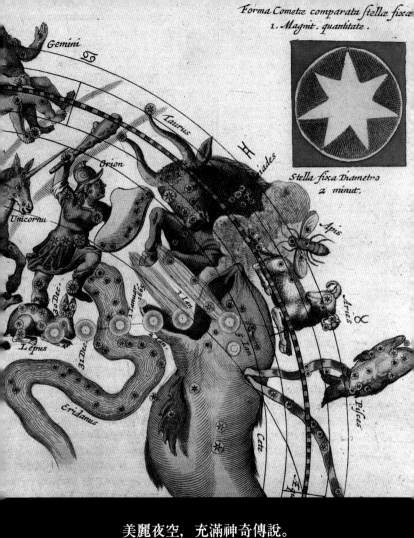

美麗夜空，充滿神奇傳說。

更迷人的，是一對跳着欲望之舞的情侶。

喝了又喝，憫憫的酒徒，

要你再斟上一杯使人浮想聯翩的紅酒。〈美麗的夜空〉

# 目錄

## Jean-Pierre Verdet
巴黎天文臺天文學家,
曾研究日晷物理學,
後以紅外線觀察、研究木星行星的大氣。
近15年來,
他主要研究古代天文學史。

# 星空
## 諸神的花園

原著＝Jean-Pierre Verdet

譯者＝徐和瑾

時報出版

宇宙不只是一片巨大的空無，
裡面還布滿星星。
宇宙裡也有氣體和塵埃形成的雲。
五十多億年以前，在這些巨大的宇宙雲當中，
形成了太陽和周圍的行星，包括地球。
人類的世界，於焉形成。
宇宙好似孕育人類的母體，
也始終包覆著人類：
終於有一天，人類站立起來，開始仰望，
驚訝於這似乎一無所有，
又似乎擁有一切的天空。

## 第一章
# 人類的天空

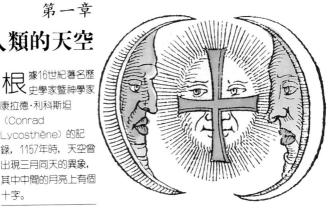

根據16世紀著名歷史學家暨神學家康拉德·利科斯坦（Conrad Lycosthène）的記錄，1157年時，天空曾出現三月同天的異象，其中中間的月亮上有個十字。

起初是灼熱的岩漿，後來冷卻、變硬。在10億年的時間裡，只有物質統治著一個礦物和水的世界。接著，生命和無生命物質以幾乎沒有區別的分子形式，出現在也許尚未形成海岸的大海之中。然後它們適應環境，開始演變，變得越來越複雜，最後爬到露出海面的陸地上，並得到充分的發展。

在我們這個地質紀以前的第三紀的末期，也就是大約150萬年以前，地球的面貌已經和我們現在看到的相同：同樣的地貌、同樣的植物，和同樣的動物，只是還缺少一個主角——人類。但是，古生物學家認為，人類的「雛形」已隱約出現在一種四肢動物身上。只不過這個論點還有待證實。在150萬年以前，由於

這座圓形石林位於英國索爾茲伯里（Salisbury）北部，已經快 4,000 年了。在這圈巨石的旁邊，豎立著一塊孤零零的大石頭。每年臨近 6 月22日的某一天早晨，你如果站在這圈巨石的中央，就會看到太陽正好從這塊大石頭後面昇起。因此，有些人就說，這圈石林是為太陽而建造的。

彎曲的脊柱逐漸變直，人類發展出直立的形態，並擡起頭來觀察天空。

　　在幾千個世紀裡，地球上幾乎一片寂靜，人類不發出聲音。他們的技術性活動，只留下很少的痕跡，如經過整理的卵石、工具的碎片。但他們的心靈活動，沒有留下任何物質的記錄。後來，在舊石器時代末期，也就是大約 5 萬年以前，突然出現人類思想的生動證據：用紅色赭石顏料裝飾的骨器，裡面放置著燧石、骨頭碎片，和石灰石小球；還有目前所知的最古老的雕刻品——有的雕工粗糙，有的精細。在第一批石雕上，

這塊石頭豎立在法國亞維農（Avignon）附近的多姆懸岩（Rocher-des-Doms）上，已經有五千多年了。石頭上刻畫了發出八道光線的太陽。

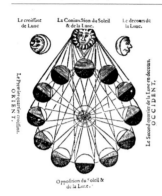

Le croissant de Lune. La Conjonction du Soleil & de la Lune. Le décours de la Lune.

ORIENT.

Le Premier quartier croissant.

OCCIDENT.

Le Second quartier de la Lune en décours.

Opposition du Soleil & de la Lune.

我們可以看到星群和星座。顯然，天文學是一門十分古老的學問。

### 早在洪荒時代，人類就察覺宇宙中的規律：晝夜、季節和月相

人類很早就注意到重大的天文現象。最明顯的現象即是晝夜的交替。人類知道月相，要比學會寫字早得多。他們利用月相制訂了最初的曆法。他們還觀察到星星循環運行，周而復始的繞日運動，看到星座每夜回復其永遠不變的位置，並發現四季的流轉。從史前以來，對天的觀察導致兩種思想活動：一是尋找永恒的自然規律；這些規律，只有在天空才這樣明顯地表現出來。另一是仰觀看來無法到達的天空，設想其中存有萬能的、超自然的生命。同時，人類很早就察覺，天和地的某些現象之間有某種關係。特別是在中緯度地區，人們看出太陽穿過黃道帶與四季變化的聯繫，也看到月相和潮汐之間的關聯。於是，人類採用因果關係的原則加以解釋。以不合理性的方式應用這個原則的結果，產生了大量天真的信仰，同時也產生了星相學。

### 秩序和混亂這兩個對立的概念，既出現在有關天的深奧科學中，也出現在庶民的常識裡

除了周期性的重大天文現象，天空還具有

月球繞地球運轉，加上地球繞太陽運轉，就產生了月相。月球總是有一半被太陽照亮。但除了在滿月之時，我們能看到被照亮的全部月面，其他時候我們看到的只是部分被照亮的地方，隨月球繞地球運轉的過程而發生變化。這幅月相版畫（左圖）摘自1524年發表的《宇宙圖暨運行軌道全圖》。該書是德國天文學家彼得·貝納維茨（Peter Bennewitz，又名 Apianus，1495-1552）的第一部重要著作。

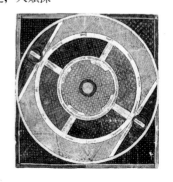

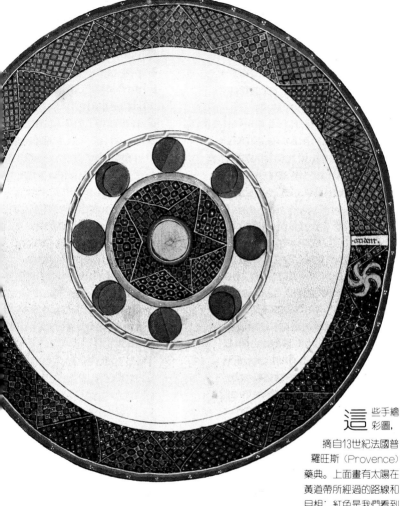

秩序／正常和失序／混亂兩種對立的狀態。

　　天體往復運行，日月星辰恆常顯現，四季週而復始。然而，秩序狀態並非自然界的唯一狀態，天空有

這些手繪彩圖，摘自13世紀法國普羅旺斯（Provence）藥典。上面畫有太陽在黃道帶所經過的路線和月相：紅色是我們看到的月亮被照亮的部位，藍色則是我們看不到的月亮的陰暗部位。

時還會出現一些特殊的現象，如日蝕和月蝕，彗星和流星。

　　這一類「異象」有時頗為壯觀。而行星在固定的大星區內漂流的現象，也使人類感到困惑。此外，近在眼前的天空常常發怒，則使人類驚惶不安：狂風、閃電、雷擊、颶風、暴風或龍捲風，這一切都說明天空在發怒。

　　因此，雖說許多顯而易見，表面上永恒不變的規律，已證實秩序的存在；秩序之中，仍存在著混亂。

　　有關宇宙起源的許多神話都指出，普遍的秩序自混沌之中產生，然後又恢復混沌的狀態，並再次從混

這幅18世紀的版畫，再現了1716年3月18日出現在天空的一系列異象。畫中可以看到彗星（形狀為劍）、流星、燃燒的樑和閃電，也可看到騎士在戰鬥。人們認為社會大動盪之前，騎士會在空中作戰。

亂中浮現有條不紊的秩序。

## 天是規律，天是上帝，天是浩瀚的背景……人類的想像和智慧，創造了一個面貌千變萬化的天

1609年12月的那幾個夜晚，是天文學史上最美好的夜晚。在那個時候，伽利略是第一個用望遠鏡觀察天體的科學家。從那時起，人開始仰頭觀天。在浩瀚的天穹面前，人人平等。每個人都有一雙眼睛，再加上自己的智慧，大家各憑本事，任想像力馳騁。

　　然而，同是觀察天空，人們卻看到不同的世界，得到不同的經驗。有一部分人由此創造了一門科學，並力求精確，以數學作爲這門科學的基礎。另一部分人則得出一些神話，而這些神話往往演變成傳奇、故事和民間的習俗。第三種人從經驗中，總結出一些與農業、航海或天氣預報有關的規律。最後，還有一種人，只得到夢想的樂趣。不過，所有這些人的目光，都豐富了人類的想像。

　　儘管觀天的結果甚不相同，有一點倒是很接近：人類在觀察天空時，首先想到的還是自己。有關宇宙

在17世紀初，天文望遠鏡出現之前，天文學家只有簡陋的工具。最常見的是一種四分之一圓的扇形儀器。這種儀器用一條簡單的瞄準線和一根鉛絲，來確定天體在地平線上方的高度。

起源的神話，首先談到的總是人類。古羅馬博物學家
老普利紐斯（Pline）也不自覺地看到他所面對的天空
有大熊、金牛等星座。他感到驚訝的，是在有些人以
爲平滑如鏡的最高層天空，實際上卻呈現地球上所有
動物和事物的形象。

## 天文學家以外的人，如何想像天空

在這裡，我們不想介紹有關天空的深奧學問，也不想

有時，人類也能指揮天體。在〈舊約‧約書亞記〉中，約書亞（Josué）大聲說道：「日頭啊，你要停在基遍（Gabaôn）。月亮啊，你要止在亞雅崙谷（vallée d'Ayyalôn）。於是日頭停留，月亮止住，直等國民向敵人報仇。這事豈不是寫在雅煞珥書上麼？日頭在天當中停住，不急速下落，約有一日之久。在這日以前，這日以後，耶和華聽人的禱告，沒有像這日的。」

〈舊約‧約書亞記〉第10章

描述人類初步探索天空的情形及其進展，只想說說一般民眾對天空及其現象的種種看法。

因此，我們將涉及民間傳說的領域。然而，你只要一涉入這個領域，面對世界各地變化萬千的信仰、習俗和傳說，往往會目瞪口呆，不知該從何處著手，瞭解這個神奇的世界。所幸這些信仰傳說，雖然各不相同，從表面上看來甚至互相矛盾，卻常常可以看出其間的微妙聯繫。在這個神奇世界裡，充滿了形象和象徵，藉著它們，我們可以推想不同信仰與神話的共同根源。

下面我們將會開啓玉石之門，一窺門後的種種形象、象徵和神話。這一切糾結在人類記憶的底層，有的騷動着，有的沈睡，代表了人類的瞭解與領悟——對天空的秘密和巨大的自然力量。

當然，民間傳說形形色色，令人眼花撩亂。而且，在今天看來，許多象徵體系往往難以理解。我們不禁會想，在過去，這些象徵的意義是否就一定清楚明白。我們似乎必須承認，在所有的神話當中，都有一個無法以理性分析的核心。但神話中充滿了生動的形象。即使在今天，這些形象往往仍能啓發我們的想像。

### 神話不會被人遺忘，是因爲它們充滿生動的形象

神話在備受理性與科學的攻擊後，依然流傳下來，是因爲它們充滿生動的形象。基督教常常受到指責，

從 15世紀末到19世紀中葉，小販在農村大量出售如下圖般的曆書。比利時列日（Liège）的曆書尤其出名。曆書上包含大量星相學的知識，還記載一些天文方面的訊息，主要是預報日蝕和月蝕。

這 個風輪（左圖）摘自15世紀一冊彩色手抄本。風輪的中央是地球。地球周圍是海洋和象徵宇宙的蛇。兩條蛇首尾相咬。風輪的外圈有12位天使，代表吹向地球的12種風。

說它把神話從歐洲的精神世界驅逐出去，使它們僅能「棲身」於民間傳說之中。當然，在教會看來，神話傳說和民間習俗都是異端邪說，必須連根拔除。538年，天主教會在法國奧塞爾（Auxerre）舉行主教會議，譴責民間對泉水、樹林和石頭的崇拜。教會的這種行動，從某種觀點來說，誠然是負面的，但也有其正面的意義。首先，教會在排斥民間信仰的同時，也提供了另一套嚴密的體系；而這套體系既然是宗教性的，因此也必然是由神話所構成。其次，由於教會無法完全排除神話傳說和民間習俗，就把它們收爲己有，並用新的形象和新的象徵來加以充實。以前述的泉水崇拜爲例，洗禮的重要性，以及無數闡明洗禮之所以必需的說法，都大大豐富了水的象徵意涵。

〈新約·啟示錄〉中的騎士，騎著白馬與撒旦爭戰。

在下面這幅15世紀的民間版畫上，兩個光體和五個行星都有自己的星相符號。例如，土星的符號是寶瓶和摩羯。左手握鐮刀使人想起死亡（死神手握鐮刀），拐杖則表示一種信仰，說明土星支撐著我們的骨架。

## 各種文化共有的形象和象徵

羅馬尼亞神話史學家米爾切亞·埃利亞代（Mircea

par ceſte figure nous congnoiſſons a chaſcune heure de iour et de nuit quel planete regne　Et quel eſt bon ou mauluais　Le planete du quel ſe iour eſt nomme Regne ſa premiere heure de celluy iour. et le ſequent ſa ſeconde celluy dapres ſa tierce. Ainſi iuſques a vingt quatre heures pour celluy iour. pareiſſemēt des autres iours. Saturne et Mars ſōt mauluais Jupiter et Venus bons Sol et Luna moptie bōs moptie mauluais Mercure bons auec les bons et mauluais auec les mauluais.

Eliade）曾指出，任何文化「都是歷史的反映」，因此，任何文化都有其局限。希臘文化也不例外。整個西方多少都受到希臘文化的影響，因而在西方看來，它常常是世界公認的完美典範。但「作爲歷史現象，它並非放諸四海而皆準。你如果把希臘文化介紹給非洲人或印度尼西亞人，對他們來說，有意義的未必是你讚嘆不已的美妙希臘風格，而是他們在希臘雕像或古典文學作品中，所看到的原已熟悉的種種形象」。

安達曼人（Andamans）是亞洲現存最原始的種族之一，分布於孟加拉灣一帶。他們的主神是普盧加（Puluga）。普盧加住在天上，雷鳴是他在說話，風是他呼吸的聲音，而颶風代表他在發怒。在安達曼人的神話中，由於人類幾乎將他遺忘，他要懲罰人類，就讓洪水泛濫，結果只有四個人活下來。顯然，普盧

**15** 21年5月，發起歐洲宗教改革運動的路德（Luther），躲在德國圖林根（Thuringe）將《舊約》和《新約》譯成德文。1534年，路德翻譯的《聖經》出版。這是譯成德語的第一部《聖經》。上圖所示爲〈創世記〉第6章第17節：「我要使洪水氾濫在地上，毀滅天下，凡地上有血肉、有氣息的活物，無一不死。」此圖是後來的人爲這本1534年版《聖經》所繪的插圖。

加所擁有的威能與力量，類似希臘神話中的宙斯，行事則彷彿猶太民族的耶和華。普盧加在傳說中的形象，如果傳到其他文化之中，恐怕會使荷馬時代的希臘人感到驚訝，也會令和摩西一起穿越埃及的猶太人讚嘆不已。

　　印度人與西方人的文明，各有自己的洪水傳說。在這兩種洪水傳說中，都只有一個人知道災難即將來臨，並且保住了性命。在西方，這個人是挪亞；在印度，這個人是摩奴（Manu）。摩奴和挪亞一樣，也接到上天要他造船的命令。但是，摩奴遭遇的洪水的宗教含義，和挪亞遇到的洪水不同。印度的洪水不是上天的懲罰，而是正常的自然現象；這個世界不會完全毀滅，只是周期性地遭到破壞，然後復甦。西方的洪水，則是由上帝降下，要毀滅一切。

在印度神話中，世界經受洪水的劫難後，由於摩奴，人類得以再次布滿大地。他在洗澡時，一條魚游到他的手裡，告訴他洪水將要氾濫，並叫他造一條船。這條魚後來變大，把摩奴的船拉走。這則印度傳說十分古老，後來又爲印度教所採用。這時，魚變成印度教主神之一毗濕奴（Visnu）的一個化身。在畫中，毗濕奴的皮膚通常爲藍色。

out de ciel ne fu onques
fuit et ne peut estre
corrumpu psource au
cune dent que si pr
uit ce estoit plaio et ses disaples qui di
sont que il fu fait et que il est corrupti
ble mes il est pdurable et a ce pue
il met bj morens ou raisons car il ne
rupt onques comencement ne fin & toute
la duracion que est pdurable car il se
content en soy temps mesme car selo
aristote tout le temps qui fuet seu est
sans comencement et sans fin si come il
appert en le bm & philosophie et le ciel p
son mouuemt content tout le temps
aussi come la cause content son effect.

et prome la mesure content la chose
se mesure et Onques le ciel e sans
comencement et sans fin ce est la pre
mier raison et selon la translacion
daunois aristote conclut ainsi se mper
est et dum sine principio z sine fine
p omnia secla. Il seult dire que le ciel
est dur et durrai p tous les siecles.

Et est asauoir que cest mot selon
ou secle est pme en iiii manieres
sue est pour le mond. Item plato ap
pelloit secle la duracion qui estoit
auant que le comencemt du mond
et du temps et ce est eterne primitere
prome il fu dit ou robm. el du pre
mier. Item il est dit de la duracion

天空包圍著地球，繁星閃爍其中。

即使海員和農民靠天吃飯，

天相氣候決定他們的生活和命運，

天的本身也從未引動他們的關切。

在天空往來運行，

光燦耀目的太陽、月亮、眾星、隕星，

倒是人類迷信的對象，注目的焦點，

並成爲文學創作的靈感泉源。

然而，相對於天空的廣大遼闊，

穹宇的浩瀚無垠，

人們對天空也未免太漠然了。

第二章

## 星幕穹宇

埃及的大氣之神舒（Shou），把他的女兒女天神努特（Nout）舉起，使她和大地分開，宇宙就這樣形成了。

19世紀的法國民俗學者保羅・塞比約（Paul Sébillot）曾進行一項田野工作，調查有關天的民間傳說。參與這項工作的人說：「當你提出一些問題，想要瞭解那些可能還存在於民間的看法時，被調查的人馬上露出驚奇的樣子，彷彿你提到的，是他們從未想到過的事情。」一般民眾顯然對天空本身不感興趣，這使塞比約大感驚訝。

### 天空，是張開在大地上方的帳篷……
### 還是烏龜的殼？

天空往往像由固體物質構成的穹頂，星星鑲嵌在上面，就像寶石裝飾在教堂穹頂上。

　　有時，星空彷彿由液體構成。在強大的大氣壓力

這幅畫常被誤認作15世紀的民間版畫。實際上，畫中的組成元素雖然來自更早以前的時代，整幅畫卻是法國弗拉馬里翁出版社（Flammarion）為1880年出版的《通俗天文學》一書製作的拼貼畫。這幅畫提出一個疑問：如果世界已是一切，那麼，在這個世界的外面還會有些什麼呢？

下，這種液體無法流動。星星在上面滑行，猶如船隻行駛在平靜的海面上。這種現象比較罕見，但更加有趣，令人不禁想起民間傳說中，知道「海天之路」的鳥。如果追溯到更加久遠的年代，與這種天穹形象有關的，還有伊斯蘭教的傳說、日本或馬來亞的神話，以及耶和華降落到罪惡大地上的天水。在耶和華降下的洪水中，只有挪亞及其家人倖免於難。

　　不同的文化中，用來形容天的方式也不同：穹頂、華蓋、鐘、倒扣的酒杯、繞着傘柄旋轉的傘、帳篷或烏龜。古代西歐的高盧人，並未把天看成神祇居住的地方，只是把它當作大氣現象的發源地。在他們看來，天是固體的屋頂，他們只擔心天會掉到他們的頭上……萬一眞的掉下來，他們會用長矛把天撐住。

**據** 公元前 4 世紀一部經書的解釋，在中國，環形的璧是天的象徵。中間的孔不應超過圓盤直徑的三分之一。中國人相信天圓地方，所以圓形的璧用來祭天，而方柱形的琮用來祭地。

### 從前的人認爲天上的神祇端坐在萬神殿（panthéon）中

有關天穹的傳說，令塞比約驚歎不已，米爾切亞·埃利亞代的收穫則在神話方面。他發現，幾乎在所有的神話中，原先最崇高的神都會消失，甚至被人遺忘，而被另一些神聖的力量取代。這些力量和人類的日常生活關係更直接，因此更「有用」，更「有效」——也

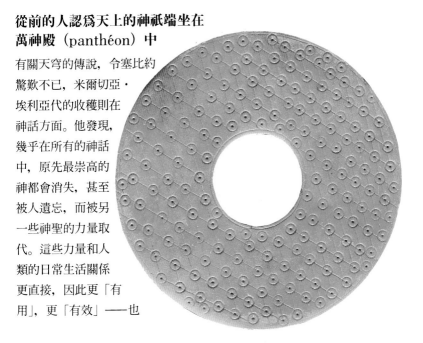

具有更強大的威力。例如，在希臘神話中，老天神烏拉諾斯（Ouranos）被他的小兒子克洛諾斯（Cronos）閹割並且推翻了。克洛諾斯殺死父親，後來也受到懲罰，被自己的兒子宙斯推翻。經過十年的戰爭，宙斯打敗克洛諾斯和提坦巨神（Titans），把他們打入塔耳塔洛斯（Tartare）地獄。從此之後，宙斯成了天國的主神。統治著天國。他的威望和權力，遠超過他的老祖父烏拉諾斯。

宙斯象徵的意義遠多於烏拉諾斯。他的名字不僅用來指天，也代表各種與天空自然現象有關的能力：覆雲、降雨、鳴雷和閃電。至此，大氣中自然力量變化莫測、生氣勃勃的混亂，替代了原先天空中有條不紊，萬籟俱寂的秩序。

## 夜空是布滿星星的畫幅，
## 所有的文化都在這幅畫裡劃分星座

愛斯基摩人認爲，星星是天火顯露的小洞，是鑲嵌在天上的鑽石，是夜晚黑色的草地中，閃閃發亮的小湖。但天文學家知道，星星是球狀的白熾氫氣，正在慢慢地變成氦氣。每天夜裡，用肉眼就看得到的星星總有好幾千顆。爲了在每天夜裡都能很容易地找到這些星星，人們就把最亮的星連在一起。因此，無論在發達的文化或人數稀少的族群中，世界上各個地方，都產生了星座的概念。

宙　斯是希臘傳說中的神祇及人類之父。他擁有各種權力，掌握著鷹、閃電和勝利。這座巨大的宙斯像位於奧林匹亞（Olympie）的宙斯神殿，是世界七大奇觀之一。

這　幅畫摘自19世紀末的一本基督教教理書，展示了創世的七天：第一天，神把光和黑暗分開。第二天，神將水分爲上下，造出了天。第三天，神造出綠色的植物。第四天，神造出兩個光體，即太陽和月亮。第五天，神造出有生命的動物。第六天，神造出男人和女人。

emmus poz q excedito a cano het stel
lam ī capite splendida .i. ī uteq; humo
splendida .i. ī uteq; genu .i. sē ons .v.
alt̄ ī het ī capite stellā splendidam
.i. ī humio siniste .i. p̄singula femora .i.
ī dorso .iii. sē onns .vii. īc̄ uteq; xii.

co het stellas ī capite .iii. ī ceruice .ii.
ī pectore & ī dorso .iii. ī sūmitate
cause splendida .i. sub pectore .ii. ī anti
ore pede splendida .i. sē onis x iii.

Agitatore het stella ī capite .i. ī uteq;
humo .i. s̄; ea e clarior q̄ ī siniste
humio e ī uteq; cubito .i. ī dex̄e manu .i.
ī sūmitate mau̅ simist̄. ii. z sup ipso bra
chio edulos .ii. & ī uteq; edulo stellam
.i. sē onis xi.

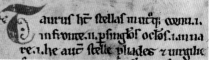

ancer het stellas splendidas ī cio.
iiii. ī dex̄e pedib; p singlos .i. ī siniste
p̄mio .ii. & ī simist̄. iii. .i. ī gtto .i. ī oc̄e .i.
ī dex̄e labio .iii. ī siniste .ii. sē onis
iii.

Taurus het stellas ī uteq; cornu .i.
ī fronte .ii. p̄singlos octos .i. ī na
re .i. he aut̄ stelle pliades z ungle

有些星星的位置離地平線相當高，每天夜裡都出現在同一個地方。它們既不升高，也不降低，而是圍繞著天上一個固定的點運轉。對住在北半球的人來說，北極星就屬於這種星。但是，對於南半球的人來說，星空圍繞著一個看不見星星的區域旋轉。

另一些星由東方升起，在西方降落，弧狀的路徑一直延伸到地平線下。只有在某幾個季節才看得到這些星。但看不見它們並不表示它們已經熄滅：它們在白天通過天空，因而隱沒在陽光之中。在白天的陽光下，再亮的星星也會黯然失色，無影無踪。

人類在天上看到的形象，通常正是他們關心的事物。當人們以狩獵為生時，他們看到天上有獵犬、熊和獵戶。在18世紀，歐洲的航海家到達了南半球，看到天上有望遠鏡、顯微鏡、羅盤和船尾。

星座的劃分並不是絕對的。每種文化，每個部落，每個觀察的人，都有自己劃分的方法。人們各自在天空中尋找自己熟悉的影像，用自己的想像為星座命名，並賦予星座誇張、生動的形象，和稀奇、有趣，引人入勝的故事與傳說。但是，也有一些星座特徵十分明顯，雖說大小不一，世界各地的觀察者，卻都賦予它們相同的名稱：大熊星座、獵戶星座、昴星團和雙子星座等即是。

## 大熊星座往往被稱為天上的四輪車。在西方，它的名稱出自希臘神話

希臘神話故事中，有位仙女名叫卡利斯忒

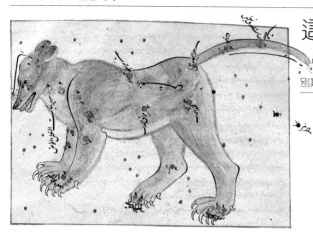

這幅15世紀波斯的圖畫，描繪的是大熊星座。大熊星座可以用來識別其他所有的星座。

（Callisto），也有人說她是國王的女兒。宙斯愛上她，讓她懷了身孕。後來她被變成母熊。有些人認為，這是宙斯的妻子，天后赫拉（Héra）對她報復的結果。另一些人則認為，這是宙斯的詭計，企圖把他的情婦隱藏起來，使她不致招赫拉嫉妒。不管怎樣，傳說裡，卡利斯忒被宙斯放到天上，變成了大熊星座。

墨西哥的印第安人阿茲特克人（Aztèques）則認為，這個星座是特斯卡特利波卡神（Tezcatlipoca）。這位陰鬱的神指向北方，代表死亡。他少了一隻腳，據說是被天上的怪獸吃掉的。確實，在北半球的高緯地區，大熊星座的任何一顆星都不會落到地平線以下；但在阿茲特克人居住的墨西哥高原地區，大熊星座的最後一顆星卻總是被地平線所遮蔽。

在印度的傳說中，大熊星座中七顆最亮的星，是七位大賢人的住所。中國人也把這七顆星看作天上七位有權勢的長老，或是夜空中的七個洞和心臟中的七

個孔。西歐的巴斯克人（Basques）把這七顆亮星看作兩頭牛後面跟了兩個小偷，牛郎和男女僕人則在暗中監視。第八顆星比較暗，被稱爲輔（Alcor），是一條小狗。位於第二頭牛上方

的輔星則是隻小老鼠，在嚙咬牛軛的帶子。有人認爲大熊星座是只鍋子，輔星則是個小矮人，正看

天　龍星座彎彎曲曲，位於小熊星座和大熊星座之間。古代埃及人認爲，它是鱷魚星座的一部分。中國人認爲，它是紫微垣的一部分。1337年，中國人在天龍星座中發現一顆彗星。

著鍋裡的東西什麼時候燒開，好把鍋子從火上拿開。那一天就是世界的末日。這樣，傳說變成神話，神話變成故事，故事又成了神話，還說到世界的末日。

## 北極星是所有路人、海員、飛行者辨別方向的指標

有人說，星星是世界的窗口。有的人則說，星星是湧動著閃閃光線的眼睛，有些蟲會從這兒跑到地面上。

有人認為，北極星是天地之間相通的一扇門。地上的英雄可以由此逃到天上的神祇那兒，然後再回到地上。別的人則說：每天夜裡都會出現的北極星是天的肚臍，是固定的宇宙中心，天空圍繞它旋轉，並且以它來確定其他星星的位置。還有人認為，星星是一匹匹的馬，北極星則是拴馬的木椿。無論如何，游牧的人、航海的人，和早期的飛行員，都根據北極星來確定自己的位置。

### 在世界各地的神話中，金星都端坐王后寶座上

「晨星就像全身著上紅彩的人，穿戴著生命的顏色。

**在** 夜裡，牧羊人可以根據星星和北極星垂直距離的變化，來計算時間的流逝。這幅版畫摘自《牧羊人大曆書》，歐洲最著名、最古老的曆書。

**這** 是西伯利亞東部的楚特奇（Tchoutetchi）地區的畫，主題是天空和地面的世界。畫的上方是昴星團，左下方是銀河，左上方也許是新月形的金星。

他腳著腿套，身穿長袍，頭插取自老鷹身上的柔軟羽毛。這根羽毛就是高空中飄動的薄雲……晨星，請為我們帶來力量和新生，帶來每一個白日。」這是以北美洲草原為家的印第安民族的歌曲。有些人把晨星叫做牧羊星。不過，它雖然每天出現，卻不是恒星，而是行星：金星。

這個易洛魁（Iroquois）面具著上紅色和黑色，象徵東方和西方。

金星是行星，本身不發光。和內部蘊藏著巨大核能的恒星不同，金星發出的光來自太陽，是由本身大氣層裡的厚雲反射出來的陽光。在黎明時分微微泛藍的白色天空中，它發出明亮的白光。不過，印第安人卻覺得，它比火星還紅；這如果不是因為他們的想像力太豐富，就是因為他們東方的天空有大量的塵埃，陽光才會變成紅色。不過，他們唱道：金星帶來每一個白日，說明了他們已經正確的觀察到，在地球和太陽間運轉的金星，從不遠離太陽。

## 美麗之星或噩運之星？
## 金星總是魅力洋溢

金星的光芒如此耀目，又帶來表示希望的黎明，

魁 扎爾科亞特爾是插著羽毛的蛇，是墨西哥的主神。他可以變化各種形狀，成為太陽、風和金星。

所蘊含的意義應該是正面的。然而，金星並非總是代表吉祥。古代的墨西哥人害怕金星，在黎明時總要閉窗鎖門，擋住它的光芒，因為他們認為，金星的光芒會帶來疾病。馬雅人認為金星是太陽的哥哥，並把它想像成一個胖子，巨大的臉龐上長滿了大鬍子！

　　金星被看作太陽的哥哥，是因為它總是離太陽很近，日出時出現在太陽之前，日落時則出現在太陽之後。也許是因為這個現象，它才具有不吉祥的意義：

這 是魁扎爾科亞特爾塑像的一組四件男像柱中的一件，形狀代表金星，出自墨西哥古城圖拉（Tula）的考古遺址。

它既是晨星也是昏星，只出現短暫的時間，有時在白晝來臨的東方，有時在黑夜降臨的西方。對於馬雅人和阿茲特克人來說，金星既隱喻死亡，也象徵復活。它是阿茲特克人的神魁扎爾科亞特爾（Quetzalcoatl），能使滅絕的人藉著從死人王國中偷來的骨架復活，並用這位神賜予的血再生。

　　在西方，金星的傳說則和女性、欲望及愛情有關。羅馬的傳說中，結合古代義大利愛與美之神維納斯（Vénus）和希臘的感官與肉欲之女神阿佛洛狄忒

　　這幅維納斯像，是義大利畫家佩魯吉諾（Pérugin, 1448-1523）所作。畫中還有她的兒子邱比特。她站在自己的戰車上，戰車由兩隻鴿子拉著。

(Aphrodite)，塑造成羅馬守護女神的形象。

## 星相學這門擬科學傳之經年：
## 它認為星星的運行影響人們的日常生活

星相學家也認為，金星象徵美感經驗。黃道十二宮中，受金星影響最大的是金牛座和天秤座。星相學家常常以黃道十二宮來討論星的運行。他們認為，太陽繞地球運轉，在星座中畫出一個圓形軌道，稱為黃道。五個肉眼能見的行星：水星、金星、火星、木星和土星，在一個很窄的帶內運行，這個帶被黃道分成兩部分。五個行星和兩個光體（月球和太陽）在穿過這個帶時，通過了12個星座：白羊座、金牛座、雙子座、巨蟹座、獅子座、處女座、天秤座、天蠍座、射手座、摩羯座、寶瓶座和雙魚座。不知道是不是因為其中大部分星座以動物為名，天文學家和星相學者一直把天上的這條帶子稱為 zodiaque（來自拉丁文 zodiacus，意思是「生物」）。

黃 道帶
（zodiaque）
有此名稱，是因為人們相信裡面住著動物。十二宮也被稱為「天屋」或「阿波羅的每月住所」，因為太陽每個月拜訪一個宮，並在每年春季回到黃道中的起點。

不過，天文學家說的白羊，是指白羊星座；星相學者說的白羊，指的卻是白羊宮，也就是黃道十二宮中的一個宮。公元前 2 世紀時，宮名和星座名稱相同，不過兩者之間存有歲差。太陽在恒星中間所走的「路」的這種變化，對星相學者來說是個惡作劇。歲差使太陽在春季經過赤道的點往後移，並產生了星相學者所說的十二宮。因此，今天星相學中的宮名與星座名不同。例如，現在的白羊宮是雙魚星座。當天宮圖告訴你，太陽進入白羊宮時，它實際上進入了雙魚星座。不過，星相學者認為，兩千多年前白羊座所在的區域，

至今仍保有此星座的
特性。星相學上的象徵雖　　　　　　　　　　說過於簡
單（獅子表示力量，雙子表示溫柔），倒也說得通。不
過，如果說將來某個時候，在太陽進入雙子星座時，
卻仍然處於獅子星座的威力之下，聽起來就有點兒費

人 被看作「小宇
宙」，這張人體
星相卡就是明證。人體
各部位都有黃道十二宮
的圖，因爲據說它們分
別控制人體的各部位。

3 月21日至 4 月19日：白羊座　　　　4 月20日至 5 月20日：金牛座

5 月21日至 6 月21日：雙子座　　　　6 月22日至 7 月22日：巨蟹座

7 月23日至 8 月22日：獅子座　　　　8 月23日至 9 月22日：處女座

9月23日至10月23日：天秤座　　　10月24日至11　　　月22日：天蠍座

11月23日至12月21日：人馬座　　　12月22日至1月20日：摩羯座

1月21日至2月19日：水瓶座　　　2月20日至3月20日：雙魚座

解了。這彷彿是說，宇宙空間看不見的力量大於星星的力量，星星卻又決定我們的命運；而且每個星相者對命運的預測都不相同，這又怎麼解釋呢？

總之，金星表示愛情和溫柔，在中世紀被稱爲小吉星；而火星則被稱爲小兇星，表示力量、活力和好鬥。水星的運氣好，當上了信使，因爲傳說中，它是太陽和月亮的兒子，負責聯絡、溝通和交際。木星是最大的行星，所以也被

兩千多年前，星相學家想出了命運圖卡，說天宮圖能用來算命。民間星相學的說法討人喜歡，又模稜兩可，能消除人們的不安，豐富人們的想像力，增加他們的好奇心。不論占星家看星相（上圖）或確定新生兒在天宮圖中的位置（下圖），都要有一整套的星相學知識。這種知識在今天的報紙和雜誌上到處可見。

星相學中隱含的決定論使人文主義者佩脫拉克（Pétrarque）特別反感。他對此發出強烈的抗議，並頌揚人類的自由：「爲什麼要貶低天地，毫無理由地侮辱人們的孩子？爲什麼要讓光彩奪目的星星，具有毫無價值的天命？我們生來自由自在，爲什麼要把我們變成毫無生氣的天空的奴才？……」

賦予最大的權力，表示威望、秩序和平衡。至於土星，
它顏色灰白，就被說成了大兇星，表示無能、倒運與
停滯不前。

## 銀河像一道乳汁灑在天上，這條銀色的光帶鑲在夜空中，是靈魂通向死人王國的道路

在晴朗的夜晚仔細觀察，就會看到一條乳白色的光帶，
穿過整個天空，發出暗淡的光線。黑色夜空的其他部

這 張15世紀書中的
精緻插圖，摘自
英國人巴泰勒米
（Barthélemy）的
《事物特性論》。圖上
依據星相學區分天空，
並畫有五大行星和兩大
光體，四周是黃道十二
宮。

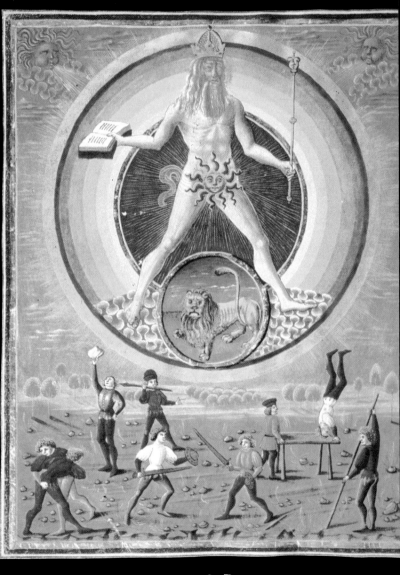

· SOL ·

· SATVRNVS ·

**⋅ JOVIS ⋅**

分則滿布明亮的星。長久以來，天文學家往往只把銀河看作地上蒸發的水汽，在空中飄動，而沒有嘗試進一步探索銀河的祕密。直到1609年的一個冬夜，伽利略把望遠鏡對準銀河，才發現它原來由許多星星組成。

　　許多歐洲傳說裡，都把銀河看作灑在天上的乳汁。銀河（法文 Voie lactée，英文 Milky Way，直譯是乳帶）的名稱，產生於和希臘神話中最著名的英雄之一赫克力士（Héraclès）有關的傳說。赫克力士是宙斯和凡人的私生子。他得吃宙斯脾氣暴躁的妻子，天后赫拉的奶，才能成神。宙斯多才多藝的兒子赫耳墨斯趁天后睡著時，把孩子放在她的乳房上。雖然赫拉一睜開眼睛，就把這孩子推開，但為時已晚。乳汁從她乳房中流出，在天上形成一條帶子，就是銀河。

## 鳥類的小道，大雁的路途，還是盜賊的捷徑？

歐洲人認為，銀河是乳汁留下的痕跡。愛斯基摩人卻說，銀河是大烏鴉（星座）留在雪地上指示路徑的痕跡。愛沙尼亞地方，和斯堪地那維亞半島北部拉普蘭地區（Laponie）的人說，銀河是鳥類的小道；伏爾加河上的芬蘭族人則認為它是大雁的路途。高加索的韃靼人認為，它是偷稻草的賊走的路。某些伊斯蘭教徒認為，銀河是通往麥加的朝聖之路；而在歐洲的天主教徒看來，它是往西班牙聖地亞哥（Saint-Jacques-de-Compostelle）的朝聖者走的路。傳說中，使徒雅各（saint Jacques）在銀河中對法蘭克國王查理曼大帝（Charlemagne）顯身，指出路徑，讓查理曼到西班牙去尋找他的墓地。有很多地方的人認為，銀河是靈魂通向陰間的道路，路的終點，就是死人居住的國度。

南 非波札那（Botswana）的一個民族，對銀河所作的解釋頗富詩意。在那裡，銀河被稱為夜的脊柱。夜被比作巨大的野獸，人們住在裡面。因此，銀河支撐著夜；沒有銀河，夜的碎片就會掉到我們的腳邊。

## 織女和牛郎隔著天河相望

在許多傳說中，銀河都是由地入天的通道。它在夜晚的作用，就如同虹在白晝的作用。中國人的神話中，最普遍的說法，就是把銀河當做天上的一條長河，隔離了織女和牛郎兩顆星。傳說中，每年農曆的七月七日，又叫「七夕」，是他們一年一度相會的日子。但也有人認為，「天河」與東方的海或西方黃河的源頭相通。有一則傳說指出，年年8月都會有艘船沿「天河」入海，有個住在海邊的人好奇登船，最後竟遇見了織女和牛郎。另一則傳說中說，漢代張騫出使大夏，尋找黃海的源頭，一路溯源，就上了「天河」。

$1519$ 年，也就是哥倫布在瀕臨絕望的
漫長航程中，首次發現陸地，
登上大安地列斯群島之後大約30年，
西班牙征服者埃爾南・科爾特斯
（Hernán Cortés）率領11艘船隻，508 名士兵，
100 餘名水手，和16匹戰馬，登陸尤卡坦後，
隨即揮軍征服墨西哥，並發現了「太陽的子民」：
墨西哥阿茲特克人。當阿茲特克第九代皇帝
蒙泰祖馬二世（Moctezuma II）引領科爾特斯
步上俯瞰墨西哥城的金字塔頂端時，
征服者只看到石頭上雕飾的龍形圖紋，
和作為祭品的犧牲者漫溢的鮮血。

第三章

## 晝夜的天體

奇怪的一對（左頁圖）：基督和死神。基督和太陽聯繫，死神則和月亮聯繫。這幅圖說明兩個恆久不變的極端：太陽主吉，月亮主凶。

**古墨西哥人自命爲「太陽的子民」，
以「珍貴的水」獻祭，確保自己的神能永存。
所謂「珍貴的水」，就是犧牲者的鮮血**

墨西哥的印第安人認爲，從前有過四個世界，也就是以前的四個太陽。但它們都已毀於災難。第五個世界，也就是現在的太陽，是兩個對立的神合作創造出來的。這兩個神，一個是光明之神，羽毛蛇魁扎爾科亞特爾。另一個是黑暗之神特斯卡特利波卡，他有一隻腳是黑色發亮的鏡子，曾在最後一次災難之後把天托起。但是，這新的世界又黑暗又寒冷，所以神祇們決定創造太陽和月亮。然而，要造太陽和月亮，得犧牲兩個神。第一個神自願跳到火堆中，立刻變成太陽；第二個神猶豫了四次才跳進去，所以月亮的光沒有太陽強。

　　不過，這個世界還無法運轉。太陽和月亮停滯不動，會使地面燃燒。要讓它們運動，所有的神都得犧牲。魁扎爾科亞特爾負責殺死所有的神，然後自殺。但他的死只是暫時的死亡。當魁扎爾科亞特爾復活之後，他就到地獄去尋找死者的骨頭。把這些骨頭弄成粉末，灑上自己的血，創造出新的人類。因此，創造這個世界，流了很多血，也死了很多人。因爲有死亡才會有新生。

　　創造世界的這個傳說，使阿茲特克人體認到：世界和人類的生命取決於太陽的運動。但是，世界像太陽一樣，容易損壞。因此，皇帝必須負責世界運轉，確實履行世界和創造世界的神祇之間簽訂的條約，保證使「珍貴的水」，也就是犧牲者的血流在祭壇上，以嚇阻那股毀滅世界的力量。

**在** 祭祀太陽或其他主神的盛大儀式上，阿茲特克人獻祭活人作爲犧牲。科爾特斯極力要他們取消這種習俗。

### 古巴比倫人特別崇拜月神，
### 認爲祂是宇宙秩序的主要保證

公元前17世紀，由巴比倫文明中，誕生了人類歷史上第一部文學作品：敍述創世的史詩《埃努瑪・埃立什》（*Enouma Elish*）。「宇宙之始，諸神安奴（Anou）、安利（Enlil）、和埃阿（Ea）制定天地之守護神爲二：太陽（倘〔Sin〕）和月亮（沙瑪什〔Shamash〕）。他

**這**塊20噸重的巨石被稱爲「太陽石」，具體而微地呈現出古代墨西哥人的宇宙觀。巨石中央吐舌的人臉，通常被認爲是太陽神托納蒂烏（Tonatiuh）的臉。他在索取人血做祭品。

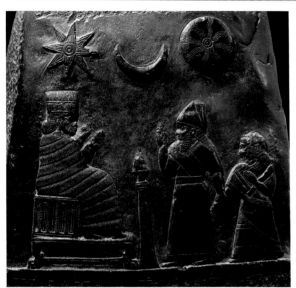

倆平分日夜，令整個天界認識時間的規律。」太陽和月亮同時誕生自始初女神提亞瑪（Tiamat）體內。他們不但是白天和夜晚的光源，也主宰時間：太陽將日和年賜予人類，主管兩種時間單位。月亮則節制月的度量，主管一種時間單位。

巴比倫神話和古墨西哥印第安人神話的不同之處，在於巴比倫人擔心的是月亮的安危。月亮有圓缺，也會消失和再現，又是變化及不穩定的象徵。如果每次新月都代表月亮暫時的死亡，月蝕可能會造成月亮最終的死亡，必須特別小心。人們認爲，對於發生在不同月份的月蝕，要採取不同的措施替月亮祛邪。和墨西哥印第安人的神話類似的地方，是巴比倫神話中負責維持世界正常秩序的人，也是國王。因此，有時得用松節油給國王洗澡，並且替他塗上一種叫沒藥的香料。有的時候則讓國王躺在門後，在他身上灑雨水，

然後讓他穿上節日的盛裝，和一位老婦人
接吻擁抱。

## 太陽和月亮確實關係密切……

太陽和月亮兩個光體分享天空。一個管白晝，
一個管黑夜。在滿月時，這兩個天體一個在地球的
上方，一個在地球的下方。月亮在東方昇起時，太
陽正在西方落下。月亮和太陽這兩個光體都據有天
空，都因地平線上的塵埃而變成紅色，也都呈圓
形。這對閃耀的星體可以說是兄弟姐妹。

在三千多年前的巴比倫神話，和16世紀的墨西哥
神話中，月亮和太陽都同時出生。在許多宇宙起源的
故事中，它們往往也是親戚。例如，愛斯基摩人認為，

許多文化中，牛角
是月亮的象徵，
因爲它形狀像蛾眉月。
亞述人認爲，月亮和天
上的田牛應該聯繫起
來，一起在祈求豐收的
儀式中祭拜。蘇美的頌
歌把月神稱爲「不知疲
倦、動作靈活的公牛」。

月亮和太陽是海邊村裡的孩子。女孩不願再被哥哥糾纏，就逃跑了。她爬上一個長梯，變成太陽。哥哥匆忙中沒穿衣服，就去追趕妹妹，變成永遠追不上太陽的月亮。變成月亮的男孩，餓肚子卻沒有東西吃。但是，變成太陽的女孩，只有在月亮餓昏後才給他一點

這一對穿著王袍的太陽和月亮，是16世紀一本煉金術著作中的插圖。太陽身穿紅袍，腳踏燃燒的大地。月亮身穿白袍。煉金術士認為，太陽是物質內部固有的火。他們把紅色的硫稱為太陽樹，白色的硫稱為月亮樹。他們也把月亮稱為戴安娜（Diane），把太陽稱為阿波羅。在神話中，戴安娜是阿波羅的姐姐。她為田親接生，生下弟弟，因為紅色的太陽是在白色的月亮之後出現的。但是，煉金術士所說的紅色的硫，既是天然的硫，又是哲學上物質的精粹……這種話，術士可以一頁一頁地寫下去。但意思只有他們自己才知道。

東西吃。然後，月亮又得挨餓，直到再次昏倒。這真是個對月相的巧妙解釋。在陰暗、寒冷的夜裡出現的月亮，通常和女人聯繫在一起。可喜的是，愛斯基摩人的說法突破了這種刻板印象。

　　二元論的創世說，直到今天還在某些農村裡廣泛流傳。在法國的不列塔尼地區，人們會把事情區分成上帝做的事和魔鬼做的事。人們會說馬是上帝創造的，驢則是魔鬼創造的；太陽是上帝創造的，月亮則是魔鬼創造的。人們往往認為，月亮是做壞的，或衰老的太陽。在法國南部，有人說上帝本來有兩個太陽，把一個留著備用。但是，有一天，上帝發現這個太陽因為被冷落而變老了。他不知該怎麼處理這個太陽，把它扔到天上，它就成了月亮。

## 月亮上的黑點到底是什麼呢？

我們看到的月亮永遠是同一面。顏色灰白，上面有大大小小的黑點。這些黑點在各種傳說中，常被看成人或動物。在西歐人的眼裡，這些黑點看起來像被釘在天上示眾柱上的一個人。他之所以被送上示眾柱，是為了贖罪。為了使人們引以為戒，這個人還揹著自己的罪證。傳說中，這個人犯的罪往往和宗教有關。在有基督教傳統的國家裡，他的罪可能是違反星期日不得工作的戒律、偷竊或吝嗇。奇怪的是，不論故事中他犯的是什麼罪，罪證都是一捆柴：或者是他在星期日砍的柴，或者是他偷的柴，或者是他不肯送給窮人的柴。

　　在法國西南部的加斯科尼（Gascogne），據說這個犯罪的農民，是在復活節的那個星期天被颳上月亮

「**先**生，你剛才偷了我們的柴。」
「天哪，我怎麼會在月亮上？是你在說謊。」
他還沒有說完，就已經到了月亮上。
　　19世紀農民傳說

的。他砍那捆柴本來是要用來修理籬笆。現在他得耐心地待在月亮上，一直等到最後審判的那天了。在20世紀初，旺代（Vendéen）的農民會告訴小孩，那個人揹著柴被送上月亮，是為了懲罰他不讓耶穌到家裡取暖。在上不列塔尼（haute Bretagne），人們都知道，有一天，有個賊正揹著偷來的木柴逃跑時，上帝突然降臨。他告訴這個賊：「為了懲罰你，我應該把你處死。但是，現在我要讓你活盡你的天年，只不過你得選個地方流放。你想去太陽還是月亮？」「我寧願去月亮。」那人答道，「月亮只在晚上出現，別人就不會一直看到我。」

這個故事對月亮上的柴捆有相當合理的解釋。月亮上的人是因偷竊而受到懲罰的，而偷竊往往在夜裡進行。此外，在許多國家，偷來的柴也叫做「月亮上的柴」。某些民俗學者認為，這個故事源出《聖經》。在〈民數記〉中，耶和華吩咐摩西，把在安息日撿柴的人處死（第15章）。

## 甚至早在蒙昧時代，
## 人類對太陽和月亮已經有豐富的想像

「我看到月亮上有三隻小兔……」這首兒歌和各國類似的傳說不謀而合，都說月亮上有隻兔子。南非的霍屯督人（Hottentots）也認為，野兔和月亮有關。據說，有一天，月亮叫虱子告訴人們，人們將和虱子一樣，死後可以復生。虱子在路上遇到一隻野兔。野兔說，它跑得比虱子快，可以先把消息告訴人們。但是，野兔奔跑時會失去記憶，所以這隻野兔忘了原來的消息，卻對人們說，人將像月亮一樣會落下並且死亡。月亮知道野兔傳錯消息，非常生氣，拿起一塊木頭，

本國教神道教中，很少提到月亮和月神。因此，民間的傳說能自由地想像月亮的種類。人們往往說兔子住在月亮裡。這種傳說是跟佛教一起從印度傳來的。中國人也認為兔子是月亮中的動物。但是，日本人很快就把它日本化，說它是日本山陰地方因幡的白兔。因幡白兔的故事，曾在《古事記》中敘述。《古事記》根據口頭傳說編纂而成，成書於712年。

墨　西哥的大部分藥典，把月亮畫成一種形似新月、裡面充滿水的容器，容器上有兔子的側面像。

砸到野兔嘴上。從此之後，野兔的嘴唇就裂開了。

太陽上住人的傳說並不多。非洲多哥（Togo）的達貢巴人（Dagombas）說，太陽上有個市集。當太陽周圍出現光暈，市集清晰可見。住在市集上的是神的白羊。白羊用蹄踩太陽就鳴雷，揮動尾巴就閃電，羊毛掉落便下雨，它在市集周圍奔跑時就颳風。

## 月亮豐富了人類時間的節奏

雖然月亮往往被看作衰老的太陽，而且對地球的影響遠不及太陽重要，人們賦予月亮的權力卻比太陽更多更大，甚至說月亮會使對著它小便的婦女懷孕！

月亮的權力，首先來自它掌管時間的方式。沒錯，月亮不像太陽那樣既區分晝夜，又劃分年份。不過，每天早上出現的太陽，總是一模一樣。日復一日，太陽賦予人類的時間一成不變。而月亮總有盈虧，像人會逐漸衰老。

要覺察四季的變化，並做合理的解釋，需要經過縝密的觀察和理性的思考。溫帶的人，生活環境中四季分明，對季節的變遷也比較敏感。此外，身為現代人的我們，知道得找出原因才能下結論。而在神話、傳說盛行的過去，人們卻是用「甲這樣，所以乙也應該會這樣」的方式來思考。

月亮盈、虧，消失三天，然後重新出現，成為蛾眉新月。月亮賦予人們的時間具體、鮮活，變動流逝，人們感覺得到。因此，月亮成為時間、變化和命運的主宰。巴比倫的傳說認為，人是在新月時被創造出來的。因此人能和月亮一起繼續成長。

但是，月亮可以無盡再生，人卻不能。下面這個非洲的童話把這點說的很清楚：一天夜裡，一個老人

Din bon Jour de
Bonne vie et bon
Aɡɡa vest Aɡne
He bee et barbe
Uramique iɡuor
Buuons et Rigu

月 的週期和婦女月經之間的巧合，使人認為月亮是婦女的第一個丈夫，而婦女受月亮的影響很大。

L'Influance de la lune sur la teste des femmes

Comere Marquite. gros Couquiau. e frite. rros Muriau. ne sur la teste. est née feste.

En l'Imprimerie des Nouueaux Caractheres de Moran Rue S.t Germain de laucerrois prix la Vallée de misère. à Paris

Haye valentin dict barbe que saict don la nostre homme. Il cherche de la lune vn morceau qui est chu. Car s'il la peut trouuer il aura bonne femme Mais il ne voit pas Clair il a vn peu trop bu Lucas en est aussi et sont tous deux si bestes. Quon ne leur peut montrer quilz sont dessus noz teste

看到一個死去的月亮和一個死人。他召集許多動物，對牠們說：「你們之中有誰願意把死人或月亮馱到河的對岸?」兩隻烏龜答應了。第一隻烏龜四足很長，馱著月亮，安然無恙地到達對岸。第二隻烏龜四足很短，馱著死人，淹死在河裡。因此，死掉的月亮總能復生，死掉的人卻永遠無法復活。

**看**來這幅插圖的作者認為，婦女簡直是受月亮控制。

查理曼統治下的法國，耶誕節是一年的開始。這一天之所以重要，有兩個原因：在宗教方面，這一天慶祝基督的降生；在天文方面，這一天和多至相近，應該是新年的開端。這份15世紀的曆書介紹的12個月，和今天的大致相同。只差了幾天。每個月用一種工作或一種大氣現象來表示。1月下雪，2月翻土整理，3月修剪葡萄枝，4月羔羊出生，5月開始打獵，6月收割牧草，7月收穫莊稼，8月打麥，9月播種，10月榨葡萄，11月放豬到橡樹林中吃橡栗，12月殺豬。

## 天上的水，地下的水……月亮都是主宰

月亮主宰著天上的水。直到今天，還有許多人認為，新月升起時，沒雨會落雨，已下的雨則會止住。然而，新月出現時，整個地球都看得到。很難想像，在地球上的所有地方，會同時降雨，或者同時雨停。

月亮也主宰地上的水。人們很早就發現，海洋會隨著月相的變化昇降。這回，「甲這樣，所以乙也應該會這樣」的推測，沒有被科學的發展否定。和月亮一樣，太陽也能引起潮汐。月球和太陽的引力，都使海洋的水面昇降，但太陽只起三分之一的作用。

話說回來，水中之月是不切實際的。許多神話和傳說都說明了這點。故事中，最常受騙上當的往往是狼，騙牠的則是狐狸。狐狸在狼要吃掉牠的危急關頭，把在平靜水面上的月亮倒影指給狼看，使狼相信那是一個姑娘在水裡洗澡。狼聽了這話，就跳進水裡，被水淹死。

在攪拌乳海後，眾神之首因陀羅（Indra）分發蘇摩。

## 印度神話中，月亮和水關係最密切

蘇摩（Soma）的故事把月神旃陀羅（Candra）和水聯繫起來。蘇摩是一種乳白色的發酵液體，從生長在山上的一種植物榨出，據說有生髮的作用。植物的汁榨好以後，要用母羊的毛過濾，然後倒入木壺，並和以水和奶。

蘇摩喝起來有點苦，有興奮的作用，使詩人開口說話，具有各種效力和能力。因此，很快成為眾神專用的玉液瓊漿。不久之後，這些效力和能力具有了人形，名字就叫蘇摩，成為一位重要的神靈。

榨取蘇摩汁的儀式造成宇宙變化：過濾用的羊毛象徵著天，汁液象徵雨水，蘇摩就這樣成了水神。

攪 拌乳海，以及衆神飲用蘇摩，是印度神話中最受歡迎的兩個題材。毗濕奴化爲一隻烏龜，背上馱著曼達拉山（mont Mandara），魔鬼和神祇讓這座山在他背上旋轉。蛇王婆蘇吉（Vâsuki）被纏繞在山腰，一頭由魔鬼拉著，另一頭由神祇拉著。烏龜殼上面圓，像是天穹，下面平，猶如大地，是宇宙的象徵。另外，烏龜縮成一團，有耐力，四足短而有力，往往成爲背馱世界的動物。

　　有一天，人們正在攪拌做蘇摩用的「乳海」時，旃陀羅剛好出現，結果被蘇摩吞了下去。於是旃陀羅就成了水神的另一個名字。每天晚上，旃陀羅都要重新自海洋出生。

## 月亮是天上的園丁

月亮主宰時間，主宰未來，也主宰使種子發芽的水，自然也主宰植物。波斯古經《阿維斯陀》（Avesta）中的〈耶什哈特〉（Yasht）說，植物靠月亮發出的熱生長。巴西的某些部落認為，月亮是百草之母。在中國古代，人們認為月亮上長著桂樹。在許多地區，農民至今還在新月時播種，以保證種子和新月一起生長。另一方面，人們更喜歡在月缺時砍樹或收割蔬菜，因為有些人擔心，在月亮變圓時損壞活的植物，會擾亂宇宙的運動。

很多人都知道，園丁擔心「橙黃月色」會危害作物。歐洲著名的諺語：「月色橙黃寒霜浸，莊稼凍死幼苗時」，表達的就是這份憂慮。四月份開始，月色變得橙黃，這種情形一直到五月才消失。這時，莊稼的幼苗還很嬌嫩，而早晨卻仍有霜凍。如果天氣晴朗，天黑之後地面會很快冷卻，溫度就會下降，甚至結霜。反之，如果是陰天，月亮不出現，雲層會使地面冷卻的速度減慢，對植物的危害就比較小。幼苗凍萎並不是因為月亮或月光，但月光明亮顯示天空特別晴朗。一般的說法，只把月色和幼苗的凍萎做單純因果關係的連接，而科學卻找出了這個因果關係的解釋。

月亮、流逝的時間、雨水和植物之間的這些對應關係，都可以在非洲俾格米人（Pygmées）的宗教中找到。他們習俗中的新月節，正好在雨季之前，而且是婦女的節日，太陽節則是男人的節日。月亮是「植物之母」，也是「幽靈之母和藏身之處」。為了歌頌月亮，婦女把植物的汁液和著白泥塗在身上，使自己變得像幽靈，而且和月亮一樣白。婦女舞蹈直到精疲力

**寧**巴（Nimba）是幾內亞北部巴加人（Bagas）的生育女神。她保護孕婦，能治癒不孕症。她豐滿的乳房使人想起她曾懷過許多子女。寧巴臉像犀鳥。巴加人認為，這種鳥象徵多產。寧巴出現在慶祝稻米豐收的儀式上，由身著纖維的強壯青年舉著。圖中的塑像是在1933年蒐集到的，現在是巴黎人類博物館的主要展品之一。

竭。她們跳著舞，喝著用香蕉發酵做成的燒酒，祈求也是「生靈之母」的月亮，讓死人的靈魂離得遠遠的，讓部落子孫繁衍，捕魚、打獵和採集水果都能豐收。

## 太陽是國王，國王也是太陽

在宇宙群星中，太陽並沒有什麼大不了的。和別的天體相比，太陽的大小和溫度都沒有什麼特殊之處。但太陽比其他恆星離地球近，是供給我們光和熱的天體。五十多億年以來，地球沐浴在陽光之中，而陽光又使各種能量和生命得以延續。世界各處幾乎都把太陽奉若神明，但太陽崇拜卻並不多見。20世紀初的人類學家詹姆斯‧弗雷澤（James Frazer）發現，在非洲、大洋洲和澳洲的神話中，太陽的地位「並不穩固」。美洲情形亦然，除了兩個例外：古印加帝國所在的秘魯，和古阿茲特克帝國所在的墨西哥。在美洲，僅此兩者曾發展出龐大的政治組織。其他地方亦復如此：只有在文明高度發展的古埃及、歐洲和亞洲，才有太陽崇拜的情形。由此可見，太陽崇

在17世紀的法國，到處都是形象為太陽的國王和形象為國王的太陽。圖中的太陽王路易十四（Louis XIV）裝扮成阿波羅的形象。

約翰·雅各布·朔切格（Johann Jakob Scheuchger）是18世紀初的博物學家，最著名的研究成果，爲有關化石及化石和洪水之關係的理論。在他討論《聖經》的著作中，他把《聖經》同其他文化的宗教著作進行比較。在這本書裡，我們可以看到日本人太陽崇拜的儀式。在古代的日本，自然力和自然現象被當作神（Kami）來崇拜。神被人格化後，被看作較高貴的人。冬至時，人們在太陽到達天空中最低點時舉行儀式。這個儀式主要由女性的靈媒執行，目的是賦予生命力減退的太陽新的活力。

拜的重要功能之一，是賦與社會政治結構的合法性：就像太陽維持宇宙的秩序一樣，國王或皇帝被視爲太陽之子，維持社會的秩序。

## 在烈日當空，肥沃的黑色尼羅河穿過的埃及，太陽神逐漸成爲眾神之首

埃及人和阿茲特克人是太陽崇拜最爲全面的兩個民族，

所開創出來的太陽文化也最為光輝燦爛。

太陽神成為埃及主神的過程，歷經緩慢的演變：首先，埃及古城赫利奧波利斯（Héliopolis）之神，太陽神拉（Râ，也稱作 Rê「瑞」），逐漸擴張勢力，逐步取代其他的神祇，在埃及諸神中據有重要地位。其後，公元前3000年左右，埃及的神祇形象進行了第一次的合併：當時埃及法老為美尼斯（Ménès），他崇拜何露斯神（Horus）。何露斯形似鷹隼，以太陽、月亮為雙目。美尼斯統一埃及，建立了第一個王朝後，先建都提尼斯（Thinis），位於豐產之神俄賽里斯（Osiris）的聖地阿比多斯（Abydos）附近。後來，美尼斯又在距太陽神聖地赫利奧波利斯不遠之處的孟斐斯（Memphis）建立新都。於是，何露斯、俄賽里斯和拉的形象在神話中逐漸融合，太陽神成為王國最重要的神祇，各地的神祇也都演化成太陽的模樣，並把自己的能力賦予太陽神。最後，赫利奧波利斯城的祭司將太陽所獲得的能力統

印加人的這個金面具代表太陽。印加人是克丘亞的部落，是享有特權的氏族之一。他們建立了中央集權制的強大帝國。帝國元首是印加皇帝。他被看作太陽之子，像太陽一樣受到崇拜。

合起來，太陽神終成王國主神。

## 太陽神成了主神之後，以各種面貌統治埃及

太陽成為埃及的主神之後，擁有眾多名字，以種種面貌統治埃及。

　　剛露出地平線的太陽　叫做阿吞（Aton）。初升上天空的旭日，則叫凱普里　　　　　　　　（Khépri）。

亨　特-道依
　　（Hent-Taoui）
是埃及國神阿蒙-拉
（Amon-Râ）的音樂
女祭司。她死後，和頭
部為白䴉鳥（有些人說是
狒狒）的月神托特
（Thot），一起崇拜帶
有拉的一隻眼睛的日
輪。托特把咒語告訴死
人，使他們能進入地下
的世界。

何　露斯代表創世時
　　出生的太陽。在
太陽船上，和祂做伴的
是從火中誕生的神鳥貝
努（benou）。

這時，它是巨大的甲蟲，推著「日球」，就像甲蟲推著食物去儲存。埃及人認為，日球裡面藏著卵，會孵化出新生命。太陽昇到天頂，就是拉，赫利奧波利斯的神。最後，太陽落山，成為老人阿圖姆（Atoum）。

除此之外，也有人說，阿吞是昇到天頂最高之處的太陽。這個時候的太陽，形狀是赤色的圓盤，輝光萬縷，則是一道道末端為手的光線。人們也常把何露斯神的能力，和主神拉的能力結合在一起，並把這樣的太陽稱為拉-何拉克提（Râ-Horakhti）。這時，太陽的樣子是長著翅膀的圓盤，出沒在地平線上，每天都發出不同的光輝。

太陽又是至高無上之神，及豐饒與文明之神兼冥王俄賽里斯和他的妻子伊西斯（Isis）所生的金色牛犢。每天早晨，母牛

形狀的伊西斯將太陽牛犢生下。到了晚上，伊西斯再張開巨吻，把牛犢一口吞沒。

太陽也是一只蛋。黑水鳰形狀的大地之神蓋布（Geb）每天早晨歡悅鳴叫，產下這只太陽巨蛋。

不過，隱喻太陽移行天幕的行駛著的小船形象，還是埃及神話中最普遍的太陽形象。太陽神拉用來在天上航行的船共有兩艘，白天用「百萬年之舟」，夜裡則用「梅塞克泰特（Mésektet）之舟」，即「黑暗之舟」或「死人之舟」。

牛神阿匹斯（Apis）是尼羅河神的化身之一。也是俄賽里斯的兒子的化身之一。據說，它是一線陽光落到一頭田牛身上之後生出來的，兩角之間夾著日輪，因此也和太陽崇拜有關。

有的星體恆常不易，

經年出現在天上同樣的位置；

彗星、流星則像淘氣的孩子般四處遊逸，

擾亂天上的秩序。

電閃雷鳴，是天上神祇憤怒的咆哮；

敲鍋打盞，放聲淒號，

則是人們對天空異象的回應。

由文明古國到人煙寥落的部落社會；

由美洲極北的加拿大，到最南端的秘魯，

處處都有以喧譁吵嚷對付日、月蝕的習俗。

第四章

# 宇宙的混亂

古印度的天文平台不僅標出行星、太陽和月亮的位置，同時也把地球和月亮軌道相交的位置標出來。印度人把地球和月亮稱為羅睺（Râhu）和克圖（Ketu）。在這件雕刻作品中，惡魔羅睺手持月亮，因為他負責管理月蝕。

日、月蝕引致的震耳喧囂，自遠古時期便已在世界各處鳴響。老普利紐斯認為天文學家的成就之一，就是使人類不再害怕日、月蝕。他提到，有些人擔心天體的虧損代表天體即將要滅亡；有些人則認為天體中了魔法才出現虧損的現象，而嘈雜聲可以驅魔。由歐洲南端的義大利，到北端的斯堪的納維亞半島，直到最近還有以嘈雜聲對付日、月蝕的習俗。這種習俗之所以產生，是因為人們認為日、月蝕是怪物攻擊並吞吃天體所造成的。發出嘈雜聲的目的，當然是為了嚇唬怪物，讓它把吃掉的東西吐出來，把光明還給天空和人間。

## 喧嘩嘈雜除了對付日、月蝕，也用來譴責不相稱的婚姻：它們都破壞了正常的秩序

狄德羅（Diderot）和達朗貝爾（d'Alembert）在《百科全書》（*Encyclopédie*）中指出，人們也在夫妻年齡差很多的人家門口，發出特定的喧嘩聲。范根內普（Van Gennep）在巨作《法國民俗學教程》（*Manuel du folklore français*）中，也提到這種風俗，並且指出，這種譴責性的喧譁，叫charivari。當村中出現「不當的婚姻」時，就由村裡的青年負責製造喧譁之聲，執行譴責的任務。被指為「不當婚姻」的當事夫妻，在年齡或其他條件上差別很大，或名聲很壞時，執行 charivari 時發出的譴責和喧譁聲也就更大。

有些民俗學者認為，charivari 的目的，在於排除不當婚姻對社會可能造成的不良影響。他們認為，這

基督之死是地上的異象。天上也出現異象相應：這幅畫上畫的異象是二日同天。福音書裡則說，天上突然出現日蝕，持續的時間異乎尋常之久。

種針對不當婚姻所發的譴責之聲，和日、月蝕時因恐懼而發的嘈雜之聲，看似無關，其實卻頗有雷同之處。在人們眼中，天體的虧蝕是吞吃天體的怪物和天體的危險結合；而 charivari 譴責的對象，則是婚姻雙方在各方面條件不相稱下的不當結合。那麼，喧譁嘈雜譴責的是「不當或危險的結合嗎?」法國人類學家李維斯陀（Lévi-Strauss）提出了頗具說服力的解釋：他認為，喧譁嘈雜譴責的不是「不當結合」本身，而是因不當結合所導致的失序狀態。日、月蝕「破壞了日

月球、太陽和地球一直在玩捉迷藏。地球轉到太陽和月球中間，它的影子遮住了月球，就產生月蝕。月亮也會轉到太陽和地球中間，產生日蝕。

16 世紀法國天文學家德·梅斯默（J.-P. de Mesmes）想用通俗的法語來造科學的詞彙。他不想用 éclipse（蝕）這個詞，認為它過於高深，又不能區分日、月蝕。他也認為，月蝕是絕對的：當月亮處於地球的陰影之下，月球的全部都被遮住了。日蝕則是相對的：月亮只能遮住太陽的一部分。梅斯默建議稱日蝕為 empêchements du soleil（太陽的障礙），稱月蝕為 défaillances de la lune（月球的衰退）!

圖　上對這對光體的描繪符合西方的人神同形說：陽剛的太陽，抱住有女性美的月亮。

和月、晝和夜、光明和黑暗等規律交替出現所構成的秩序」，造成宇宙的失序狀態；身分、年齡、財富等方面條件不相稱的婚姻，則破壞了社會的規範，造成社會的失序。

　　另一個支持李維斯陀理論的現象，是人們往往也把日、月蝕和亂倫都看作瘟疫流行的原因。南美地區有些人認為日、月蝕預示疾病。他們相信：日蝕以後一定流行天花。1918年，西班牙流行感冒，造成南美許多土著喪命。人們卻說，這是日蝕引起的，是「太陽致命的涎液流到了地球上」。

　　亂倫往往也被視為造成疾病的原因。有時，亂倫的傳說就和日、月蝕相聯繫。愛斯基摩人關於太陽和月亮起源的傳說，就是個有趣的例子：太陽姑娘逃跑，是因為她的月亮哥哥愛上了她，一直追趕她。他一直追趕……直到精疲力竭，產生蝕相。

這　幅月相圖標示出地球和月球軌道相交的各個點。這些點被西方人稱為龍頭和龍尾，決定日、月蝕的發生。當太陽和月球同時處於其中一點時，就會出現日蝕。

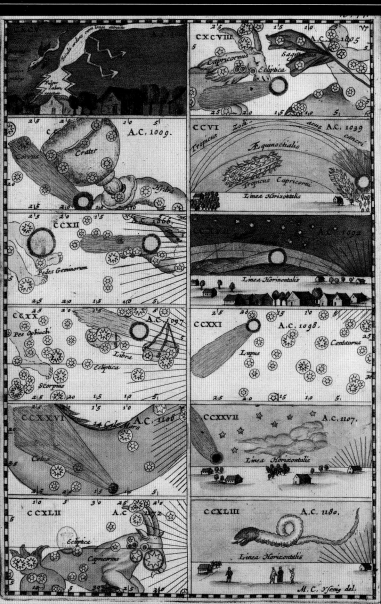

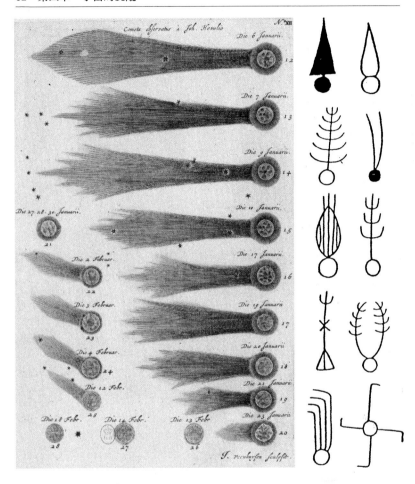

形，就預告不世出的天才和偉大知識的發現。

## 科學家對彗星看法殊異，
## 弄不清彗星的起源和性質

亞里斯多德認爲，彗星只是大氣現象。彗星因地球大氣變熱而產生，在月球和地球之間往來。笛卡兒

這些圖畫中的彗星（上圖）摘自最早的帛書彗星圖譜。書中根據彗星出現和預報災害的種類，共有29顆彗星的描寫和分類。

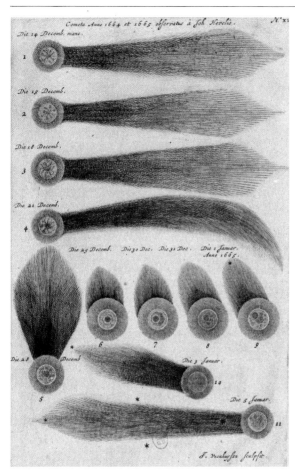

**彗** 星形狀各異。和帛書一樣，《彗星目睹記》中也羅列了彗星的種種形狀。左頁右圖錄自中國馬王堆出土的帛書。這卷帛書約 150 公分長，出自馬王堆墓葬一座公元前 2 世紀的墓中。是至今發現最早的彗星圖譜，著於公元前 4 世紀。除了彗星的形狀之外，長卷上還畫有雲和大氣的光學現象。

（Descartes）認爲，彗星帶來遠方世界的音訊。今天的科學家則認爲，彗星是太陽系中的天體，但有可能來自太陽系邊緣，帶給我們那裡的信息。

法國博物學家布豐（Buffon）認爲，圍繞太陽運行的行星，都是因彗星而產生的。他研究了世界各地檔案資料，證明地球和各大行星在形成時都是流體狀

**Warhaffrige beschreibung / was auff einen jeden sollichen Cometen geschehen sey / die gesehen**
sind von anfang der Welt her / biß auff disen ietzgeschenen Cometen in dem 56. Jar / auch waß sich an etlichen orten dar
nach verloffen hat / vnnd in welchem Jar ein jeder geschen ist worden.

Es ist leider darzu kommen / das niemands weder auff wunderzeichen / noch auff geschichten ettwas halter / vnd ir niemands
war nimpt als ob sy vngefaer oder vmb sun̄ / also geschehen vnd gesehen werden. Nun finden wir in allen geschrifften das als

**Erinnerung vnd Warnung / von dem jetzt scheinenden Cometen**
so in disem Monat Octobris / deß jetzt lauffenden 80. Jars / erstmals erschienen.
Mittag.

Die erfarung gibts / das auff erscheinung der Cometen allzeit
natürlicher oder vnnatürlicher weise etwas erfolget. Dann
dern daß wirs am bösten Himel sehen sollen / darmit wir nicht mit
dem Gottlosen hauffen / das gespött daraus treyben / vnd dem Epicu

態，但這種流體狀態不是水，而是火構成的。不過，地球和各個行星為什麼不像彗星那樣，運行靠近太陽時變成液體呢？布豐對這個現象的解釋，是認為構成行星的物質，本來就是太陽的一部分，只是在撞擊時被拋出太陽。而撞擊太陽的是……彗星！彗星和太陽那麼接近，除了彗星，自然界還有什麼物體能造成這樣重的物體作這樣長距離的運動呢？必然是因為彗星斜向撞擊太陽時，太陽表面的物質被拋了出來。

　　不過，布豐的看法並非首創。很久以來，一直有人認為彗星是太陽的食糧。

這些16世紀德國民間版畫，描述人們戒慎恐懼地注視著彗星的到臨。在左上圖，彗星的經過立即帶來災禍：鄰近城市發生大火。

## 彗星顯示更高層次的秩序？

18世紀的天文學家朗伯（J. H. Lambert）認為，彗星的出現，表面上是宇宙的失序狀態，實際上卻展現整個宇宙更高層次的秩序。如果宇宙現在的面貌，是由於神早已安排好萬事萬物，那麼這個宇宙就是完美的。宇宙中沒有任何事情純屬偶然，彗星的出現也是如此。一切都是巧妙地安排好的，物之所造皆有其目的，方法是為了達成目的，某些事物的目的又是為了達成其他目的。這世界是由

這幅圖也摘自《彗星目睹記》。描述1665年4月時，彗星在天上運行的軌跡。這顆著名的彗星最初是出現於1664年年底。

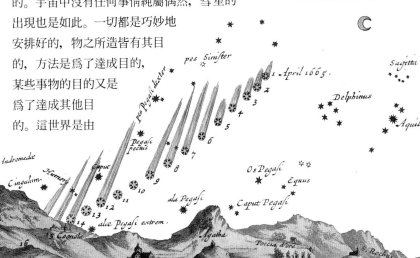

階層、和諧和充實的原則主導。我們覺得宇宙混亂，是因為知識還不完善，現在的情況要到以後才能看清。

眼界開闊，知識豐富以後，我們會發現，每個天體都在適當的位置上，保持適當的距離。每個天體都沿自己的軌道運行，沒有絲毫偏離，彷彿軌道是用直尺和圓規畫成的。這時，秩序和對稱就由表面上的混亂顯現出來。

天體在宇宙中依循著一條條軌道運行。不僅在太陽系中是這樣，在所有的系統中都是如此。朗伯認為，

每個星球都像我們的星球一樣，有動植物生長，有人居住。整個宇宙有無數這樣的世界。然而，在我們小小的太陽系中，究竟有些什麼？不過是我們所住的地球、太陽，以及不到10顆的行星。這些行星圍繞太陽運行，都處於狹窄的黃道帶中，擠在一起，真是可憐！好在還有彗星，數目成千上萬，軌道各不相同，充滿整個宇宙空間。無數的彗星在宇宙中運行，從容不迫，井井有條。有了彗星，宇宙就有秩序，就很充實。

## 一道火光靜靜劃過無垠的夜空，轉瞬即逝

今天，人們對流星的看法和過去大不相同。如果一顆流

8月12日夜裡出現最著名的流星雨：英仙座流星雨。這個流星雨有這樣的名稱，是因為它看起來好像來自英仙座。實際上，地球這個時候面對英仙座，再加上星球運動的相對性，就產生了幻覺。由於地球運動的速度比它遇到的彗星殘骸要大得多，產生的幻覺也就更為強烈。其他著名的流星群還有：天龍座流星群，出現於10

朝的夜空，人們通常會在它消失之前

認為，流星和靈魂有關，甚或是靈魂下，表示有人將要死亡，或是死人的是你看到有星隕落，你可以肯定，你去世。因為每個人在天上都有一顆星落。」《婦女福音書》就是這樣說的。是流動書販的「暢銷書」之一。在許到流星，就要祈禱，祈求上天打開大

月10日夜裡，看起來像來自天龍座，是1933年的一顆彗星造成的。獅子座流星群，11月16日夜裡出現。獵戶座流星群，看起來像是來自獵戶座，可能是哈雷彗星爆裂的碎片造成的。

門，迎接死者的靈魂。因爲流星可能是懲罰期滿，要飛回天上的靈魂。

## 流星是星星的糞便？

阿根廷北部半游牧的民族皮拉加（Pilagas）印第安人，認爲流星是星星的糞便。這種看法顯然欠缺詩意。不過，有些人的說法比較浪漫。他們說，流星是急急忙忙趕到天上，去和女人幽會的男人。

流星的出現一如彗星，是天空的失序狀態；但流星轉瞬即逝，不若彗星壯觀。不過，有時候，流星卻也表現天上的秩序。就像每年 8 月中旬出現的英仙座流星群一樣，流星如雨般落到地球上。英仙座流星群是一顆彗星粉碎後的殘餘，但有人認爲它們是受火刑的羅馬基督教執事聖洛朗（saint Laurent le Grillé）的眼淚。以前的人認爲，每顆流星都是地獄裡受苦的靈魂，會喚起活人的回憶。你可以把願望告訴這個靈魂。但今天的人們很少跟死人打交道，所以寧願把心願留著對自己說。

## 如果天眞的掉到我們頭上

1908 年 7 月，西伯利亞中部突然響聲震耳欲聾：一顆 4 萬噸重的巨大火流星落了下來，燒毀整片直徑60公里的西伯利亞森林。如果我們把太陽系中的流星比做一粒粒細沙，西伯利亞的火流星就像其中巨大的岩石。

18 70年，在瑞典發現了一顆含鐵的巨大隕石。發現者名叫諾登舍爾德（M. Nordenskiöd）。

　　幸而這樣大的隕星極為罕見。史籍所載最古老的隕石，是公元前 467 年，落在巴爾幹半島東南部色雷斯羊河地區（Thrace à Aigos-Potamos）那顆。亞里斯多德在《氣象學》一書中，曾略述此事，認為這個現象和彗星有關。因為彗星密集、眾多時，那一年就會常常颳風。羊河落下隕石前不久，西方曾有彗星出現。亞里斯多德認為，這顆隕石不是直接從天上掉下，而是在落下當天被風颳上天，又落回地上。據說古希臘自然哲學家，克拉佐美奈的安那克薩哥拉（Anaxagore de Clazomène）曾預言這顆隕石的隕

**當** 來自宇宙空間的火流星進入大氣層之後，被摩擦產生的熱量燒毀。因此，只有很大的隕星才能落到地球上，小的隕星在落下之前都已燒成灰燼。

落。他認爲，天體由熾熱的石頭構成，有時其中的石頭會從天上落下。安那克薩哥拉認爲，流星造成的混亂揭示了天的眞正性質：天是石頭構成的。

## 在石頭的各種形象中，
## 最引人入勝的是聯結天和地的形象

宇宙樹般豎立的石頭、十字架或雅各（Jacob）天梯，都是立在地上，頂上碰到天的形象。地上的石頭要向天空伸展，天上的隕石則要落到地上。地上有史前巨石柱，相對應的則是「天上的石頭」。

聖經故事裡，雅各前往哈蘭（Harân）的路上，決定在某個地方過夜，拾起一塊石頭枕在頭下，就睡著了。他夢見一個梯子立在地上，梯首頂天。雅各就把所枕的石頭——他認爲那是神的信物——立成柱子，起名伯特利（Béthel），意思是「神殿」。伯特利也是聖石的名稱之一。

伊斯蘭教也有自己的「神殿」：克爾白（Ka'ba）。在麥加的這座方形建築裡珍藏著著名的隕石——黑石。《可蘭經》對這座建築物是這樣說的：「眞主以克爾白——禁寺——爲衆人的綱維，又以禁月、供物、項圈，爲衆人的綱維，這是爲要使你們知道：眞主全知天上一切和地下一切。眞主是全知萬物的。」（《可蘭經》第五章第97節）

　　黑石被當成聖石，有兩個原因：首先，它是石頭，代表大地；其次，它來自天上，是真主的信使。藉著它，真主告訴人們，他知道天上地下一切事情。克爾白是世界的中央：在這兒，來自天上的黑石在地上戳了個洞，穿過世界的軸心，「天的中央」則在它的頂上。

## 「雨石」、「電石」和「雷石」，也是天上掉下來的？

比利時瓦隆語區（Wallonie）的人說，雷雨是天上巨大的石球滾動所造成的。當球碰撞，產生閃電，球也炸成碎片。因此，雷雨後的第二天，可以在田裡找到雷石。

　　實際上，大多數石頭被當成雷石是因為形狀像雲或閃電。所以，很多箭頭，因為形狀像閃電，也被當

**有**民間傳說認為，星星就是石頭，石頭有時會掉落。有時是一塊一塊地掉下來，有時則像雨點一般落下。

**這**個青銅宙斯像的姿勢像在擲標槍，準備拋出手裡的雷。

成雷石，用來護身以避雷擊。

在蘇門答臘，求雨的儀式由黑貓主持。因此，一塊形狀像貓的黑石，被當成雨石供奉。

## 閃電和打雷都是神在發怒

閃電和打雷是神祇發怒，天上才突然亮起火炬。在羅馬名將格馬尼庫斯·凱撒（Germanicus César）舉辦的角力比賽中，就有民眾看到這樣的火炬穿過中午的天空。空中也會突然出現樑柱。公元前394年，古希臘城市尼多斯（Cnide）的天空中，就曾突然出現一根發亮的樑。當時，雅典海軍慘敗，斯巴達因而稱霸希臘。此外，天上也會開門，從門縫中會向地面噴出燃燒的烈焰。公元前349年就曾發生過這種情況。當時，馬其頓的菲力浦二世（Philippe II de Macédoine）成為霸主，震驚希臘。《聖經》上說，世界末日時也會擊雷閃電，那時，星星都會掉進天的裂縫。在世界末日的第一次戰鬥中，天上又一次開門，軍隊、天使和火從天而降，摧毀大地。那就是目前這個世界的末日。

古墨西哥的阿茲特克人相信，他們的第三個

這個穿孔的卵石，被當作護身符。戴在身上，據說可以避開雷擊。這塊雷石是在法國不列塔尼地區發現的，也許是海邊的卵石。

世界就是這樣結束的。他們的神話中說，這個世界曾處於雨神特拉洛克（Tlaloc）的保護之下。但特拉洛克也是火神，

EX VOTO 1820

火神從天而降，摧毀大地，閃電和雷擊宣告他的來臨。

## 能把雲當馬騎的人

有時，神祇或魔鬼用雷擊發洩的怒氣，只是為了恢復秩序，所以人們能藉一些方法消除或轉移神祇的怒氣。整個歐洲，特別是義大利的南部地區，就有教士和僧侶宣稱他們曾經擁有這種能力，只是不久以前喪失了。這些雷雨的指揮者以前曾告訴農民，他們可以把雲當馬騎，也能讓田地上空的烏雲降下甘霖。在其他地方，控制自然現象的能力同樣受重視。中國人相信，行為不端可能招致雷霆。國家遭逢天災，顯示當政者德行有虧。而能夠呼風喚雨，使人民免於旱澇之苦的人，則是國運昌隆的保證。

人們的心願實現後，就把還願畫、還願牌或還願物掛在教堂的牆上。圖上的聖母獲得感謝，因為她使房屋、牲畜和莊稼收成免遭雷擊。在這幅還願畫中，還可以看到法國諾曼地地區的一種信仰。當地的人認為，如果有人敢在閃電時看著天空，就會看到聖母瑪利亞站在天堂的角落。

聖多納圖斯（Saint Donat）是最著名的聖徒之一，負責保護人們免遭雷、電和冰雹襲擊。在《聖徒傳》（la Légende dorée）中，義大利道明會修士雅各布·達·瓦拉澤（Jacques de Voragine，即Iacopo da Varazze）說，異教徒指責聖多納圖斯造成了持續三年的旱災。他就祈禱，求得甘霖。聖多納圖斯的其他傳說和聖物的運送，以及接受聖物時舉行的彌撒有關。有一次，聖物彌撒受到雷電襲擊。但主祭者祈求了這位聖徒，而保全性命。

法國東部城鎮埃皮納勒（Epinal）的這類畫上都有祈禱文：「啊，仁慈的上帝，您有力的手中掌握所有自然的力量，您是宇宙的主宰⋯⋯我祈求您別讓這些可怕的力量出現，求您把我們頭頂上雷雨的可怕火光移開⋯⋯」

## 當天空燃燒，日輪縮小，月和雨一起墜落

由穹頂到天的底端，天空都曾出現異象。異象既是罕見的現象，所預示的事件也異乎尋常。史籍所載對異象最美妙的敍述，當屬古羅馬歷史學家提圖斯·李維烏斯（Tite Live）所撰。當時，迦太基（Carthage）

最偉大的軍事統帥，羅馬共和國最危險的敵人漢尼拔（Hannibal），正準備離開多季營地，再次出征。羅馬人十分恐慌，因為在羅馬正醞釀著政治危機。

「各處盛傳異象，人們也更加恐慌。西西里島有士兵看到自己的標槍起火。日輪縮小了。在普勒尼斯特（Praeneste），灼熱的石頭從天上落下。阿爾比（Arpi）的人們看到武器懸掛在空中，太陽和月亮相撞。在卡佩納（Capène），兩個月亮同時在大白天出現。塞雷城（Caeré）的水裡有血，連赫丘利（Hercule）泉也染上鮮血。……在卡普阿（Capoue），天空燃燒，月亮和雨一起落下。在此同時，還有些次要的異象：山羊長出綿羊的毛；母雞變

成公雞，公雞卻變成母雞。」

不過，提圖斯・李維烏斯在此之前已先對異象的產生做了這樣的說明：「那年冬天，羅馬及附近的地區

這 是俄國民間版畫（loubok）。從17到19世紀，這些版畫一頁頁的在市場上出售，或是由流動商販兜售。它們是由業餘藝術家雕刻、上色，製作給平民百姓的。

這 幅民間版畫所述晴天落大雷雨的異象，於1743年出現於西班牙。

出現了許多異象；更確實的說法可能是：人們心有迷思時，總是會看見異象，而別人也很容易就相信他們的說法……」

這幅民間版畫描寫的是1736年在斯蘭克市（Slank）上空出現的異像。

《聖經》中，族長以諾（Hénoch）
到過天的盡頭。他回來時把所見所聞告訴了自己
的子女。天使一直陪同以諾直到七重天上。
以諾不僅瞭解了永恆天空的祕密，
也獲悉形成雲、風和雨的大氣層的祕密。
他看到天體的一切運動，數清了繁星的數目，
清點了太陽的光線，
明瞭太陽每天每月多少次升起落下，
以及太陽的所有運動。

第五章

# 天上的奇幻劇場

**15**62年，當老勃魯蓋爾（Bruegel）在畫〈背叛天使〉（左頁圖）時，他不只想表現創世之初天上的混亂，還想譴責當時人們的愚昧。

以諾看到了雲的住處，看到了雲的嘴和翅膀，雨和水滴。他能敘說雷鳴和閃電的美妙形象。他看到雪的倉庫，看到存放冰和冷空氣的容器，並且看到管理員如何把它們放進雲裡，卻從來不會把倉庫裡的東西全部拿光。他到過關著風的牢房，知道看守者先把風放在天平上測量重量，然後放入容器，再從容器中把風放送到整個大地上。這樣，放出的風就不致過於猛烈，震撼大地。

## 天的邊際不是發亮的星星，也不是飄動的雲彩。天碰觸樹的頂端，也碰觸我們足邊的小草

天不只是指天體的運行軌道上一成不變的高空，也包括大氣層的各個部分。在整個天上，有各種來自高空的氣息，也有地上的氣味。但由於天體引力的作用，地上的物質無法上天。天上卻產生許多邪惡的力量，危害地球和人類。天空一直存在失序的危險，因為大自然和自己的鬥爭一直持續不斷。天的威力直接從天空的變化顯現出來。風在我們頭頂的上空相互爭鬥，然後颳到地上，帶走水、沙和石頭。雲向上昇起，落下時變成雨、雪或冰雹。在別的地方，灼熱的陽光卻直射河流、湖泊和沼澤。古人認為地球不動，天空卻每天轉動，帶走上層的大氣，產生混亂。

## 地上的秩序比天上的秩序脆弱

人類一直注意天的變化，因為天和人類的生存和生活關係密切。人們也想像天上有許多神祇。神祇對人類表示憤怒時，往往打亂四季的時序，使莊稼無法正常生長，造成饑荒。

　　公元前 390 年左右，羅馬人才捱過冰天雪地的漫

這兩幅細密畫是《農事詩》的插畫。《農事詩》歌頌人類的辛勞和磨難。人們有時彎腰扶犁，有時遭到可怕的自然災害的打擊。這部詩的作者是羅馬最偉大的作者維吉爾（Virgile），寫於公元前36至29年間，分為四冊：小麥和四季農事、葡萄園和橄欖樹、畜牧，以及養蜂。第一冊講種植穀物，祈求神祇保護農作，描寫樸實農民虔誠的宗教感情。維吉爾給農民出主意，教他們種田和豐產的最好方法。他告訴農民，天高高在上調節天體運動，天體則影響穀物的播種、生長和收穫。這部分的內容並不連貫，就像曆書一樣。其結尾部分則是十分出色的實用氣象學。上圖表現耕作的情況，下圖表現自然災害對農民的打擊。

荷馬把風分成四種，分別和東南西北四基點相對應。他之後的哲學家覺得這種分類法過於簡略，又加上八種風。但老普利紐斯卻認為這種分法過於繁瑣。他認為，風絕對不是造成混亂的力量。風只有 8 種，眾所周知，鮮有例外：由日出之地吹來的風，春分、秋分時叫 subsolanus（東風），冬至時叫 vulturne（西南風）；南方吹來的風叫 auster（南風）；日落之地吹來的風，冬至時叫 africus（非洲風）；春分、秋分時叫 favonius（西風），夏至時叫 corus（西北風），即希臘的 zéphyr（和風）；北方吹來的兩種帶雪的風是：septentrion（北風）和 aquilon（東北風）。

長寒冬，又遇到酷熱的盛夏。負責祭神儀式的兩位執政官，查閱了經文中的神諭後，作出決定。為了讓阿波羅、墨丘利（Mercure）、戴安娜和赫克力士息怒，要在一星期中為他們搭好三張床：「城中所有私宅的門都要大開。人們所有的財物都要拿出來讓大家分享。」（提圖斯・李維烏斯，《羅馬史》）

## 混亂和變化是生命的氣息

氣候極其惡劣時，當然得讓神祇息怒。但是，秩序和

混亂兩種力量的鬥爭，卻使生命充滿活力。要是鬥爭
停止，生命也將停止。

　　猶太人早先留下了一些經籍，經後世猶太教和基
督教學者鑑別，認為不屬於《聖經》正典，因而被排
除在今日留傳的《聖經》之外，稱作「外典」
（apocrypha，或譯「經外書」）。其中有一本
經外書，曾這樣描寫世界末日：在這一天，
將「沒有日頭、月亮
和星星，沒有雲彩，
也沒有打雷和閃電，
沒有風，也沒有水和
空氣，沒有黑暗，也
沒有晚上和早晨，沒有
夏天，也沒有春天和炎熱，
沒有冬天，也沒有冰凍和寒
冷，沒有冰雹，也沒有雨和
露水，沒有中午，也沒有夜
晚和黎明」。《以斯德拉記
（Esdras）》第 4 章第 7 節）
天空完全沒有混亂之日，
也將是死亡之日。

## 好奇心
## 帶來混亂與生機

最常見的混亂是風。許
多美麗的傳說都和風有關，特別是
風的起源的傳說。法國不列塔尼地
區的人，知道海上的強風是怎麼來
的。據說，從前海洋風平浪靜。

述人認為，帕祖
祖（Pazuzu）
是南方吹來的灼熱的風
的化身，帶來了雷雨和
熱病。

後來有位船長，獨自來到風
的國度，並把風裝在袋裡
帶上船，但他沒有告訴
水手袋裡裝的是什麼，
只是嚴格規定他們不准
打開這些口袋。一天夜
裡，水手好奇地打開了一
個口袋；西南風絮魯阿斯
（Surouâs）立刻逃了出來，掀起巨風，把船撞得粉
碎。接著，七種風逃出破掉的口袋，開始在海面上吹
來吹去。這個故事和希臘的傳說遙相呼應。

## 埃俄羅斯（Eole）　與他裝風的口袋

希臘傳說中，風神埃俄羅斯把各種風裝在一個牛皮袋
內，送給尤里西斯（Ulysse）。有趣的是，埃俄羅斯在
袋裡什麼風都裝了，就除了能把尤里西斯送回伊薩基
島（Ithaque）的風。尤里西斯的水手也打開了口袋，
逃逸的風在海上掀起風暴，把船又吹回埃俄羅斯居住
的埃俄利亞島（Eolia）。

## 風被鮮活地擬人化後，旣受崇拜，也遭辱罵

風往往被擬人化，變成了人，和人一樣也具有種種缺
點。人們說，風也會嫉妒，也會膽怯，有時也很古怪。
塞比約在《法國民俗學》一書中曾說，他在1880年看
到的一些景象，說明當時的人們仍然相信萬物都有靈。
　　加拿大紐芬蘭的船因爲起風誤了入港的日期，男
人就朝起風的方向吐口水，對風辱罵，拿刀威嚇風，
說要剖開它的肚子。小孩也有樣學樣，擺同樣的姿勢，
對風口操惡言。

**羅** 盤方位標用來貼
在羅經或羅盤的
標度盤上。上面分成32
個部分，標有各個方位
基點及中間點。

玻璃阿斯（Borée）是北風神。住在色雷斯（Thrace）地區。希臘人認為，這個地區是苦寒之地。他往往被描繪成有翅的魔鬼，力大無窮。他鬚髮濃密，常穿一條短裙。他和提坦是同一類的巨神，是製造混亂的力量。人們說他劫走了雅典王厄瑞克透斯（Erechthée）的女兒俄里蒂亞（Orithye），把她帶到色雷斯，和她生了兩個孩子。他讓雅典英雄厄里克托尼俄斯（Erichthonios）的良種牝馬生了12隻馬駒，同鷹身女妖哈耳皮埃（Harpye）生了許多匹快馬，所以玻璃阿斯也是多產的風。從17世紀起，在煉金術書冊的畫中，除了他原來的形象，又在他的肚裡多畫了個新生兒。

　　法國勒克魯瓦齊（Le Croisie）的婦女並不對風惡言相向，而是好言哄騙，讓風幫她們的忙：起風暴的日子，水手的妻子就去聖古斯唐教堂（chapelle Saint-Goustan）祈求上天保佑她們的丈夫。祈禱完畢，她們打掃祭臺下的地面，把灰塵收集起來，撒在海岸的空中，讓風把她們心愛的丈夫安全送回港口。

## 風的力量仍然像巨神提坦一樣大

風往往被比作巨神，一方面固然因爲風力強大，但主要還是因爲風和巨神都是製造混亂的力量。公元前 8 世紀時，希臘詩人赫西奧德（Hésiode）在他的史詩作品中提到：天神和地神的子女提坦起來反對神祇。經過一場大戰，巨神落敗後，世界才恢復了秩序。以諾從天上回來之後，也是把智慧和星相提並論，而認爲暴力和風是同類。

北歐各民族的神話中有很多巨神。神話中說，魔鬼領地東面的鐵森林裡，住著狼形的巨神。領地北面則是死人的王國，住著霜的巨神和食死屍的鷹。鷹不時撲翅，颳起各樣的風。

風　也象徵神靈的氣息。《聖經》和《可蘭經》都把風說成神的信使。在創世之前，神的氣息在水面上飄動，被稱爲風。

## 雲彩在我們頭上飄著

雲在神話和傳說中所佔的地位並不重要。在童話和諺語中，雲最多被賦予一些美麗的名稱。這些名稱往往是因雲的形狀或顏色而來的。

在法國西部森島（île de Sein）的上空，有時可看到一朵巨大的白雲，紋風不動，比其他所有的雲都要高，被稱爲「老約翰（Jean le Vieux）的花束」。高空中巨大的積雨雲往往被比作樹木：聖巴拿巴（Saint-Barnabé）樹、亞伯拉罕（Abraham）樹或馬加比家族（Maccabées）的梨樹。

## 神在雲上叫喚……

在聖經的故事中，雲確實罕見，但樹木卻非常多，有知識樹、生命樹，還有亞伯拉罕的橡樹。因為樹是天和地的中介。

然而，《聖經》中說，耶和華是在雲柱的頂上叫喚摩西及他領導的人民的。摩西來到神所在的山上，神的榮光就留在西奈山上，一朵雲遮蓋此山六天之久。第七天，神在雲中叫喚摩西。然後，摩西下山，回到百姓中。那雲柱隨他而來，每天晚上停在營地出口處摩西帳篷的外面。百姓看到神聖帳篷的入口處有不動的雲柱，都站起來，然後在自己帳篷的入口處跪拜。

不過，令人印象最深刻的，還是以諾在天上看到的雲：「我看到那些容器散發出各種各樣的風：一個裝冰雹和風，一個裝霧和雲。容器裡出來的雲，從創世時起就飄動在大地上空。」

### 天羊或雲鉤：多貢人降雨的工具

善戰的多貢人（Dogons），在西非岩石叢簇的高原地區以農為生。他們靠雲中降下的雨生存。因此，多貢人關於創世和世界發展的傳說中，到處都有雲的形象。

馬塞爾·格里奧勒（Marcel Griaule）在《水神》（*Dieu d'eau*）一書中，曾描寫多貢圖騰崇拜的聖殿。聖殿是立方體，三公尺見方。兩側是兩座略呈圓椎形的塔，塔上有蕈帽頂，帽頂間有鐵鉤成雙，鉤尖內彎。

婆尤（Vâyu）意思是風。印度人認為，它是宇宙的氣息，是聖言，主宰天地之間的這個世界。在古波斯，風支撐及調節世界。「首先創造出來的是一滴水。然後，從水產出所有的東西，除了人和動物的精子，因為精子是從火中產生出來的。最後出現的是風，他的形狀是一個15歲的男孩。風支持著水、植物、家畜、人和所有的東西。」

聖殿象徵天羊帶角的額頭，角有溝紋，以便鉤住雨雲。這兩隻角宛如雙手，可以抓住雨水，保證豐收。

這頭會吸雲的天羊是頭金羊。雨季中每陣雷雨之前，就能看到牠在雲間遊盪。天羊也是世界的排泄系統，它撒的尿就是雨和霧。但是，牠撒尿時不是站著不動，而是在雲中奔跑。牠腳上掉下泥土，留下四色的足跡，就是虹。天羊走過虹，從天上下到地上的大水塘。它鑽進睡蓮叢，叫道：「水是我的，水是我的。」因此，天羊是最早的雲，它撒的尿是雨。就像風帶來雲，雲積成雨、雪和冰雹。

## 昴星團是由七顆各不相同的星聚在一起構成的小星團。幾乎在所有熱帶地區的神話和傳說中，昴星團都和降雨周期有關

熱帶和赤道周圍的地區，降雨都很豐沛。有些地區四季都是雨季，只是雨量時多時少；有些地區則有雨季和旱季之分。

圭亞那的印第安人說，從前有七兄弟貪吃成性，他們的母親受不了了，不再給他們東西吃，他們就決定變成星星。這七個貪吃的兄弟變成的七顆星，就是昴星團，掌管降雨。

在圭亞那，當雨量逐漸減少，人們就開始密切地注意昴星團的變化。當昴星團消失在西方地平線下時，雨季就結束了，一年中最大的節日來臨。昴星團在五

多貢人的雲鉤不僅是天羊，也是鐵匠祖師的鐵砧。因為有雲鉤之所，也是打鐵之處，是祖先開始打鐵的第一塊田。

希臘神話中，昴星團普勒阿得斯（Pléiades）是巨人阿特拉斯（Atlas）和仙女普勒俄涅（Pléioné）的七個女兒。她們的名字是：塔伊蓋特（Taygètè）、厄勒克特拉（Electre）、哈爾西翁（Alcyoné）、斯蒂羅佩（Astéropé）、凱萊諾（Célaeno）、邁亞（Maia）和墨洛珀（Mérope）。除了墨洛珀外，普勒阿得斯家族的人都和神祇在一起。因為墨洛珀嫁給暴君薛西弗斯（Sisyphe），並以此為恥。因此，她這顆星在七顆星中最為暗淡。她們變為星是因為獵人俄里翁（Orion）的緣故。這個可怕的獵人愛上了這七姐妹，追逐了她們五年。宙斯看到她們可憐，先把她們變成鴿子，然後變成星星。

月份消失以後，六月時又重新出現，於是河水上漲，鳥換羽毛，植物重新開始生長。

　　相反的，在法屬圭亞那，當昴星團重新出現時，土著便興高采烈地慶賀，因為旱季開始了；而昴星團的消失則說明雨季已近，不能再出海。

　　昴星團出現和消失的時間，正好與旱季和雨季開始的時間相同，因此圭亞那人以為這個星團主管降雨的周期。這種巧合被看作因果的聯繫。「同時出現」成了「出現的原因」。

## 有關水的象徵紛繁複雜，又相互矛盾

水，有兩種，甚至四種：天上的水和地上的水，生命之水和死亡之水。要是泉水旁邊躲著仙女，就是生命

之水。水塘和死水之中，則住著魔鬼。

　　水可能眞的會是青春之泉。古希臘歷史學家希羅多德（Hérodote）說，密使問衣索比亞的國王，他的臣民能活到幾歲。國王答說：120 歲以上。密使大感驚訝。國王就把他們帶到一個泉水旁，泉水發出香菫茱香，能使皮膚滑膩，重量很輕，任何東西，連木頭和比木頭輕的東西都不能漂在上面，而是沉到水底。衣索比亞人喝了這種水，就特別長壽。

　　死亡之水則與此相反。羅馬歷史學家塔西特（Tacitus）在《日耳曼尼亞志》（Germania）一書中談到死亡之水。書中描寫北方民族崇拜大地之母的情形：「海洋中有個島嶼，島上有座神聖的森林，森林裡有輛用帷幔遮住的神聖戰車，只有祭司有權接近。祭司知道女神在這輛車裡，就畢恭畢敬地跟著這輛牝犢拉的車……然後，戰車、帷幔和女神都進入了偏僻的湖中。奴隸上前服侍，卻立刻被湖水吞沒。」

　　不少文獻曾描寫丹麥、挪威和瑞典的神聖泥沼。古時候在冰島，人們把人絞死後，扔到祭獻沼澤裡，作爲獻祭。韃靼人把私生子扔到聖池邊的淤泥裡。而不久前，英格蘭的康瓦爾郡（Cornouailles）的人還相信，把生病的孩子浸到聖馬德隆井（puits de saint Mandron）裡三次，出來時病就會好。

水 是生命之源，淨化的手段，再生的關鍵。仙女往往是靜止的水中的精靈，喜歡在井邊活動。她們也喜歡讓靑年男女在井邊相遇、相愛。

## 水象徵意義的多元繁複，也見諸傳說中雨水具有的種種效能

多貢人知道，所有的水都不乾淨。多貢傳說中的第七個祖先旣吐出寶石，又吐水沖走污穢。髒水流到地上，變成水塘和河流。於是，天羊撒尿，變成雨，來淨化污水。

如泉水一般，雨水也具有療效。「雨水具療效，能驅除治癒所有疾病。」古印度經典《阿闥婆吠陀》（*Atharva Veda*）就是這樣說的。

在法國菲尼斯太爾省（Finistère），每逢暴雨，風濕病患都脫去衣服，俯臥在地，讓大雨澆灌自己赤裸的背部，直到雨停。而落到聖洛朗市（Saint-Laurent）的雨滴，則是燙傷良藥。

人們相信，雨水和地下水一樣，能使女人懷孕。太平洋島嶼美拉尼西亞（Mélanésie）的一個傳說中說，有個姑娘淋了雨，就失去了貞節。另一個相近的傳說則說，一個姑娘被鐘乳石上的水珠滴到，就變成了女人。

在法國西北部城鎮迪南（Dinan），如果結婚那天下雨，新娘就會幸福，因為她本該掉的淚，都在那日由天上落了下來。但在法國西部的普瓦圖地區（Poitou），婚禮當日下雨卻表示新娘會挨打，她流的淚將會和那天下的雨一樣多。在馬賽，結婚那天下雨保證這對夫婦家境富裕；在維瓦賴（Vivarais），則表示他們家裡會缺錢用。更有趣的是，在普瓦圖地區，如果結婚那天下雨，新娘以後會先死；如果太陽當空，則是丈夫先進墳墓。

生命之水可以治病，可以使人返老還童，甚至永遠不死；死亡之水則與此相反，顯示水形象陰暗的一面。古希臘哲學家赫拉克利特（Héraclite）說：「靈魂死亡，就變成水。」在希

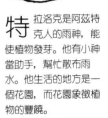

「**我**的情人就像水：她的微笑明澈，手勢流暢，聲音純潔而又悅耳，猶如水珠滴滴落下。」
維克托‧塞加蘭（Victor Segalen）

**特**拉洛克是阿茲特克人的雨神，能使植物發芽。他有小神當助手，幫忙散布雨水。他生活的地方是一個花園，而花園象徵植物的豐饒。

臘，人們認為，死人會在春雨前夕感到口渴。在某些儀式中，人們把裂縫中漏出來的水澆在死人身上。此外，幾乎到處都有在葬禮中使用水的習俗。

## 洪水是上天的懲罰，
## 洪水故事是水所有象徵的結晶

在太平洋周圍地區的諸多傳說中，暴雨出現是因為宗教儀式有誤。因此，責任在於部落本身。

　　越南的高原上自稱「吃光森林」，以清理採伐林地為業的半流動民族認為，亂倫就會引起暴雨，是某些人的不當行為，導致天降大水，懲罰所有的人。

　　《聖經》裡，挪亞經歷的那場洪水，則是大家的

塞納河（la Seine）河水上漲緩慢，但持續時間很長。由於它的河床會吸足水，然後又把水釋放出來，所以河水退去之前，會造成大水災。1910年的大水所造成的損害，人們直到今天還記得。上圖的這幅油畫，沒有具名，是根據《小日報》（Petit Journal）上的一幅插圖畫出來的。

錯，全人類都有責任。耶和華要懲罰人在地上作惡多端。於是，大淵的泉源都裂開，天上的窗戶也敞開：地下的水和天上的水一起摧毀罪惡，淨化大地。水淹沒了大地，一切都變成水中的濕泥，因為在水中，一切東西都會分解。

　　雨下了40個日夜，越漫越高。在地上，有氣息的生靈都死了。所有的人都死了，只剩挪亞。他是新的亞當，人類新的祖先，因為他博得了耶和華的好感。後來，水退了，挪亞放出一隻鴿子。鴿子回來時，嘴裡銜著一片新擰下來的橄欖葉子，說明地上的水都退了，新生命開始萌動。水能摧毀一切，使一切分解；但水也使植物發芽，釋放出所有潛在的力量。

　　水摧毀一切，卻也淨化一切，讓萬物重獲新生。挪亞和他的兒子走出方舟時，耶和華對他們說：「你們要生養眾多，遍滿了地……我不再因人的緣故咒詛地……地還存留的時候，稼穡……就永不停息了。」
（《聖經‧創世記》）

### 自混亂中誕生的新秩序：虹是神、人新約的記號

一種秩序破壞之後，神、諸神或自然力就產生大的混亂，消滅所有自然、人類和歷史。然後，

「你和你的全家都要進入方舟，因為在這世代中，我見你在我面前是義人。凡潔淨的畜類，你要帶七公七母；不潔淨的畜類，你要帶一公一母，……可以留種，活在全地上。」……四十晝夜降大雨在地上。」
〈聖經‧創世記〉

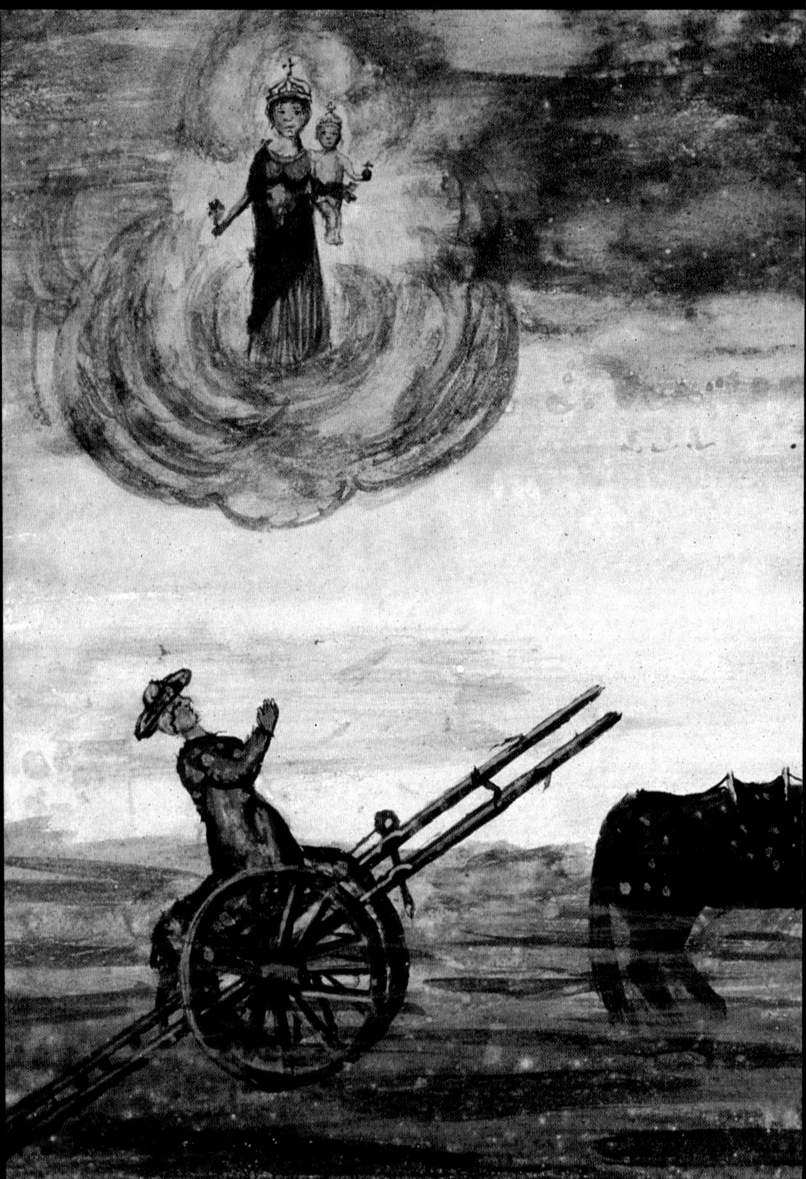

ex-voto de Jᵈ Bᵖᵗᵉ Michel, 19 7ᵇʳᵉ 1822.

## 庶民的信仰

還 願畫、還願物和還願牌是種種奇蹟的證明，老百姓感激之情的表現。還願的東西種類繁多：紀念品，聖殿門口賣的工藝品，還有粗糙的雕刻、油畫、線描畫、鑲嵌畫等描寫奇蹟內容的還願畫。所有這些還願的東西上都有還願者的簽名。其中數量最多的是還願畫，畫在木板、畫布、硬紙板、紙張等各種材料上。最古老的還願畫是用膠彩顏料畫在粗糙的木板上的。這些畫描寫種種人間悲劇：事故、疾病、自然災害……在以前的社會中，大雨所造成的影響特別深重。這幅還願畫描繪的是河水上漲帶來的苦惱和損失。

EXVOTO

## 還願畫可以驅邪

**大**部分還願畫,是倖免於雷擊、風暴或水災的人送給教堂的,顯示自然界的異象使人懼怕。人們如此害怕因天災造成的意外死亡,對使他們倖免於難的神靈備加頌揚,眞正的原因是因爲在宗敎信仰(即使其中包含著愚昧無知的迷信)還十分流行的農村,人們認爲,沒來得及領受臨終聖事就死去,是最可怕的悲劇。在這幅圖上,幾個海員在普羅旺斯海邊的木屋裡躲避雷雨。雷打在屋頂上,使屋頂起火。

## 聖母瑪利亞,
## 請為我們祈禱

法國的普羅旺斯和不列塔尼是沿海的地區。在這些地方,有很多還願畫描繪的是海上的悲劇。沿海的小漁船遇到危險的機會固然不少,遠洋漁船和大船也會遇難。在風暴中倖免於難的漁民往往認為,仁慈的聖母瑪利亞是挽救他們的神祇。還願畫往往著重海難原因的描繪。如果還願畫是漁民自己畫的,往往會以帆布和船上的油漆作材料。漁民的還願畫描繪他們在海上的冒險生涯,這種職業的苦處,和海上的風暴。在風暴之中,最堅強的漁民也只能向上天祈禱,仰賴神明的意旨。

新的秩序又從這種巨大的混亂中產生。雨後的虹就是
這新秩序的標記。神把虹放在挪亞方舟的上空，作為
和猶太民族訂立新約的記號。

在中世紀，西方和東方都有許多「異象錄」，這些書中當然也紀錄了虹的現象。

　　在許多地方，虹都具有正面的含義，是「神之
虹」，或聖人之虹。在法國，虹的聖人往往是聖馬丁
（saint Martin）或聖米歇爾（saint Michel）。

## 雖然《聖經》中的虹具有正面的意義，別的地方的虹卻往往很不吉利

虹也是魔鬼之虹或狼的尾巴！在克爾特語區（pays
celte），近看過虹的人說，虹有蛇樣的巨大腦袋，眼睛
閃動火焰般的光芒。當它以這種樣子降臨大地時，會
喝光湖泊所有的水，因為它太渴了。

　　早在荷馬的史詩中就已經描述過虹的陰暗形象。
《伊里亞德》（Iliade）中，帕特洛克羅斯（Patrocle）
被殺之前，宙斯派雅典娜（Athéna）重新挑起爭端，
並在雲上放一條虹，讓大家都看得到，就像宣布戰爭
爆發或颶風來臨時那樣。不久，宙斯使特洛伊人獲勝，
並發出閃電和雷聲讓亞哥斯人心驚膽戰。

　　《聖經》裡的虹象徵新的秩序和結盟；荷馬史詩
中的虹，卻表示新的混亂和決裂。

## 虹是雨的化身

由南美印第安傳說和聖經故事的對比，也能發現虹象
徵意義的矛盾。在〈聖經·創世記〉中，虹的出現表
示洪水結束。印第安傳說中的虹所肯定的卻不是結盟，
而是決裂，說明降雨結束，由雨連結起來的天地分離。
虹是雨的化身，虹的兩端各放在產生雨的兩條鰻嘴裡。
人們看到虹時，表示雨已停止；虹消失時，表示兩條

**左** 圖中，虹上下的兩行阿拉伯文，說明形成虹的條件，也指出虹的顏色因大氣層的情況而變化。

IVPITER

**左** 圖中，朱比特上面那兩個小圖，代表黃道十二宮中由他主管的兩個宮：表示正義的射手座和表示博愛的雙魚座。他戰車的動力是兩隻鷹。朱比特就是從戰車上發出雷電。人們在祈禱呼喚朱比特時，用「引出者」這個詞來形容朱比特的能力。因為他把雷電從天上引出，使它落到地上。不過，雷電從天上落到地上，天和地的聯繫並沒有被切斷，虹就是這種聯繫的象徵和保證。

鰻到了天上，躲在水塘裡。當兩條鰻回到地上的水裡時，就要下大雨。

## 巨蛇的鱗片——虹帶來疾病

在澳洲，虹同蛇相聯繫，而且會引起疾病。由歐洲人傳入的天花在當地就稱為「巨蛇的鱗片」。「虹」這條蛇，是早期的圖騰崇拜之一，具有雙重的象徵意義：它既是善，又是惡；既能創造，又能破壞。

　　它參與了世界的創造，有時它只創造大的河流，有時卻也被看作初女神。虹的威力驚人，所以男人最好避開它。女人懷孕時，不能弄髒虹飲水的水潭。小伙子在舉行成年禮的儀式時，不要到河邊喝水，以免被虹劫走。

## 澳洲原住民的神話中，
## 虹也被看作連結天地的道路

澳洲原住民認為神住在天上，坐鎮水晶寶座。英雄要去見神，就得從虹爬上天。巫醫學巫術時，會見到死者和死後復生者。

　　在學習過程中，登虹上天是一個重要的時刻。老師變成骨頭架子，把學生變成嬰兒那麼大，放在小口袋裡掛在脖子上，然後騎在虹上，像爬繩那樣往上爬。老師把學生帶到虹的頂上，然後扔到天上。老師在學生的身體裡放進一些淡水小蛇和石英晶體後，就從虹上爬下來，把學生帶回地上。

## 想變成男生？向虹揮動你的帽子

歐洲傳說中，虹有許多形象和能力。許多水手認為，如果船在抽水時從虹一端的底下通過，就會被虹吸走。

在澳大利亞，虹蛇有著重要的地位。它表示創世者是雌雄同體。虹蛇是最早的圖騰之一，但由於它在自然和人類再生繁殖中扮演的角色，成為早期圖騰中最重要的。它既是善的力量，又是惡的力量。但降雨者和巫醫藉著擺弄石英晶體和貝殼，以及其他能產生作惡行善威力的物品，可以影響虹蛇的能力。

文藝復興時期的童話和喜劇中經常說，走過虹橋下，性別就會改變。

不過，想變性，還得更辛苦點，尤其是女孩子：想變成男生，就得朝虹揮動自己的帽子。

**澳** 大利亞北部的阿納姆地（terre d'Arnhem）有很多這種畫在樹皮上的虹蛇畫。這個地區是也叫做阿納姆的荷蘭航海家，在1623年發現的。這個地方有條叫做尤倫古爾（Yulungurr）的蛇，住在叫做米里米納（Mirrimina）的聖井裡。尤倫古爾是神話中沃利瓦格（Waliwag）姐妹故事的主角之一。沃利瓦格姐妹主管繁殖，周遊國境，替動物和植物命名。妹妹即將生產，停在環礁湖畔。孩子出生後，姐姐想做一個搖籃，不小心把環礁湖給弄髒了。蛇一生氣，就掀起暴風雨，來嚇唬姐妹倆。姐妹倆想讓蛇息怒，就開始跳舞，並用動物的名字唱歌。但蛇更加憤怒，把姐妹倆捲入更大的暴風雨中。

虹也很兇悍。在各地的民俗傳說中，對虹指指點點都很危險。最嚴重時，手指會被割掉；最好的情形下，手指上也會生壞疽。

然而，「彩虹盡處有黃金」。就像這句話裡說的，虹往往會給人帶來財富：黃金、白銀或珍珠。不過，要得到這些東西，得把籃子放在架虹的柱子下。

## 光的奇觀

日光或月光通過充滿水滴或小粒冰晶體的空氣時，會發生折射或反射，產生視覺上的奇觀，如暈、虹和通常被稱為日狗的幻日（parhélies）。

澳洲的原住民知道月暈是怎麼來的：月亮巴盧（Balou-la-lune）來到地上之後，白鸛穆爾古（ibis Mouregou）對它很吝嗇。月亮為了禦寒，只好用發亮的樹皮造一座圓形小屋。月亮才閉上眼睛，就開始下雨，把穆爾古的小屋給淹沒了。從此之後，當人們看到月亮在發亮的小圓屋裡出現，就知道第二天要下雨了。

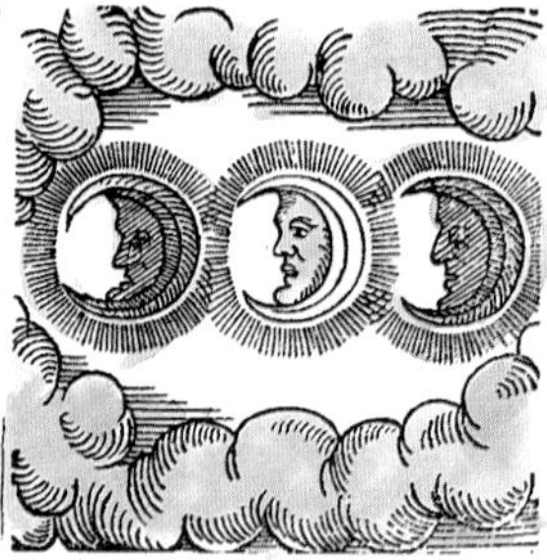

太陽也有暈或暈。有人甚至看到太陽周圍有穗或彩色的圓圈。凱撒·奧古斯都（César Auguste）喪父後進入羅馬時，就有這種異象。數日同天的異象，其實也是一種日暈或日暈的現象。有人把同時出現的三個太陽，看作平時的太陽，和兩條陪伴它的狗。有時，從清晨直到晚上，日狗一直跟著太陽。從極地回來的探險家，也說他們看到過六日同天的異象。

在 1557年發表的《異象錄》中，康拉德·利科斯坦收錄了公元前2307年到公元1556年之間出現的天文和氣象異象。圖中為1168年觀察到的「幻月」現象。

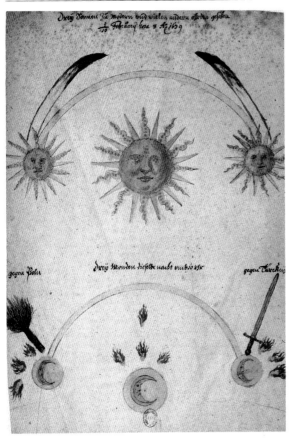

日和康拉德・利科斯坦所說的「幻月」，都是光學現象，是光線折射，穿過高層大氣中浮動的小粒冰晶所造成的。幻日或幻月總是和虹一起出現，景象壯觀。此畫成於17世紀，作者記錄了他在天上看到的火炬、火花和劍。

## 極光像帷幔般掛在天上

夜空呈紫紅色，黑暗中出現一把把火炬和一盞盞燈，夜裡的太陽把黑夜照得像白晝一樣亮……這就是極光的現象。

　　最常出現的極光是淡綠或白色的帷幕狀。由於極光和電磁現象有關，所以多半圍繞著地球的兩個磁極（南極和北極）出現。　也就因此，在南北兩極以外的

地區，極光非常罕見。在兩極以外的地區出現的極光就會被當成異象。法國博斯（Beauce）和科西嘉（Corse）的農民說，1870年普法戰爭之前，就有人曾看到過極光。有些去過高緯度地區捕魚的漁民說，極光是紅色的小蒼蠅組成的。

極光可能持續幾分鐘，也可能持續一整夜。極光由帶電的日光粒子組成，被地球的磁場固定在高層大氣中。那些日光粒子就像一根根有正負兩極的磁棒。因此，在我們的緯度上，極光十分罕見。只有北極和南極的人們才能看到。

## 何處尋覓最後的神話之境？

由創世之初起，滿空繁星似乎透過無垠宇宙對人們緩緩細訴，人們沉迷其中，試圖藉著星語瞭解天空的秘密。但茫茫浩浩、亙古悠遠的天空，卻善自隱藏，守口如瓶。天空傳達給人們的信息不但少得可憐，還都編成密碼，晦澀難解。人們就這僅得的信息窮究鑽研，漫天想像，自以爲在其中看到了種種形像，又牽強附會的營造解釋，虛構傳奇。由樹頂到天穹，天空的每一部分都布滿神話和傳說，無數神祇仙子活靈活現地

往來其中，而凡人若有奇遇也得以上天，一窺究竟。
人們在天上尋找世間的一切見聞所思，覺得在天上看
到了種種徵象，並自以為瞭解了其中的含義。

　　除了神話和傳說之外，民間知識也利用錯誤的、
不合理的，或反常的因果關係，簡單的類比和隱喻式
的推理，充份發展。不過，我們不得不承認，今天的
科學從這些知識中獲益甚少。自伽利略以來，人們發
現，要破譯大自然這本天書，數學即非唯一，也是極
為重要的一種溝通符碼。精密的數字演算和隨之發展
出來的種種工具、儀器，因而成為人類觀天的主要方
式。能以感官經驗的事實，合
乎邏輯的思考，和

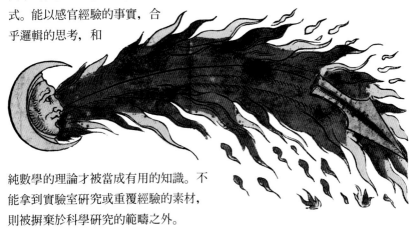

純數學的理論才被當成有用的知識。不
能拿到實驗室研究或重覆經驗的素材，
則被摒棄於科學研究的範疇之外。

　　現在，科學發展日新月異，時刻都有新的發現；
民間的知識和信仰，讓位給嚴密的科學；幼稚園和托
兒所代替老祖父來傳授知識。那麼，往昔種種由於無
法瞭解而大量產生的神話、傳說和民間信仰，最後會
發生什麼樣的變化呢？當科學精神將神話和傳說逐出
天空的每一部分，這些傳奇中的神、仙、異人，要到
哪裡才能找到個地方安身呢？最後的神話之境究竟得
往何處尋覓？

火星是像火一樣紅
的行星，是戰
神。有時，月球會轉到
火星的前面。這種現象
在畫家的想像中被重新
塑造了。月亮彷彿吐出
了火焰，火焰前端是可
怕的矛。

三 月 份 北 天 星 圖

西 / 東

白羊 三角 仙女 仙后 大陵五β 英仙 御夫 五車二 鹿豹 天貓 北極星 仙王 天龍 小熊 大熊 小獅 獵犬 牧夫 α大角星

出門前，請將星圖放在室內燈光下曝照幾分鐘；如果你已經在戶外，可先用手電筒的燈光照亮一會兒。然後你就可以一邊看著圖中發光的螢光星點，一邊親察頭上的真實星空。

這些星圖，適用於台灣的緯度：北緯25度。圖中所示，就是3、6、9、12各月份的中旬，晚上9點鐘左右，你面向正北方或正南方時，所能見到的星空概況。

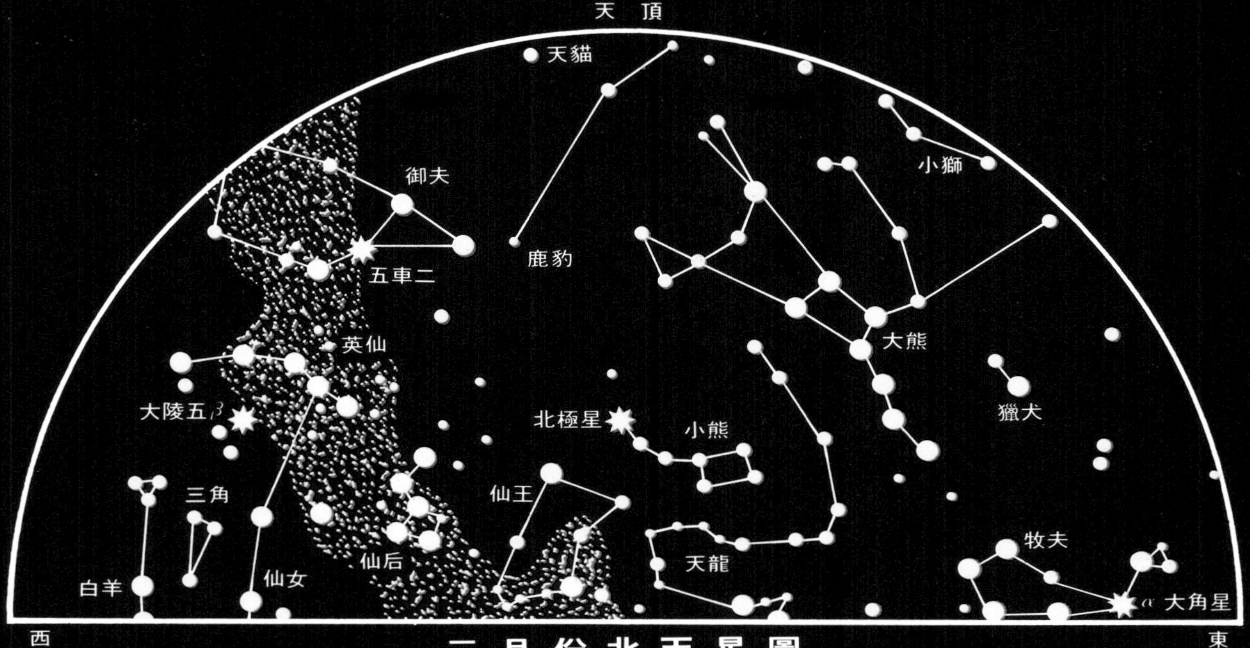

由於地球繞日公轉，所以不論你身在何方，星空的面貌每日都不同。天頂

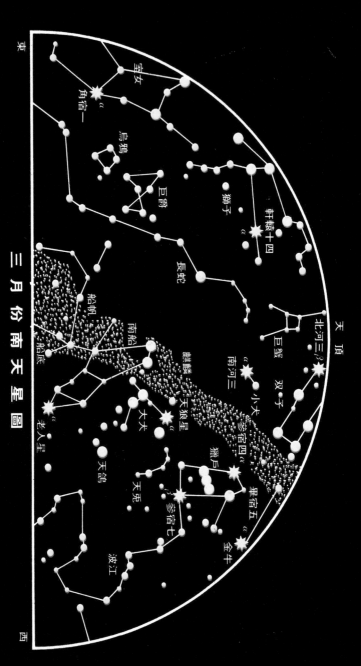

三月份南天星圖

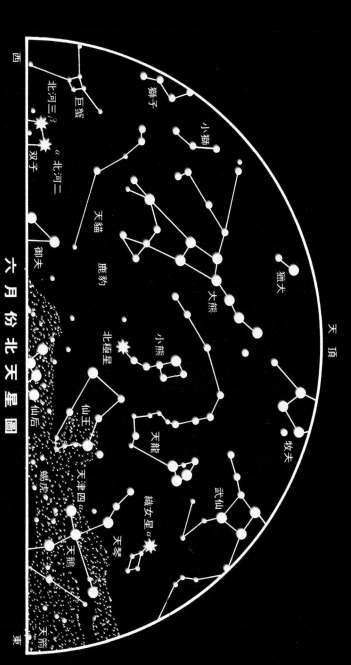

六 月 份 北 天 星 圖

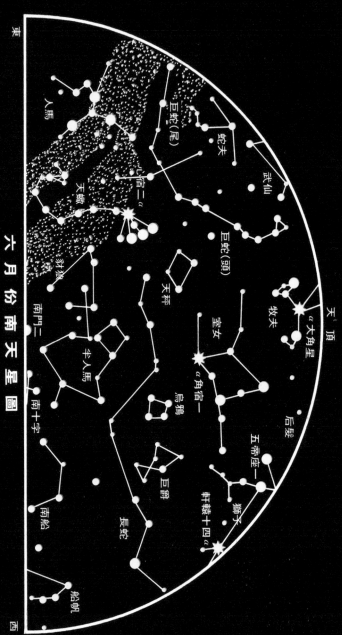

六 月 份 南 天 星 圖

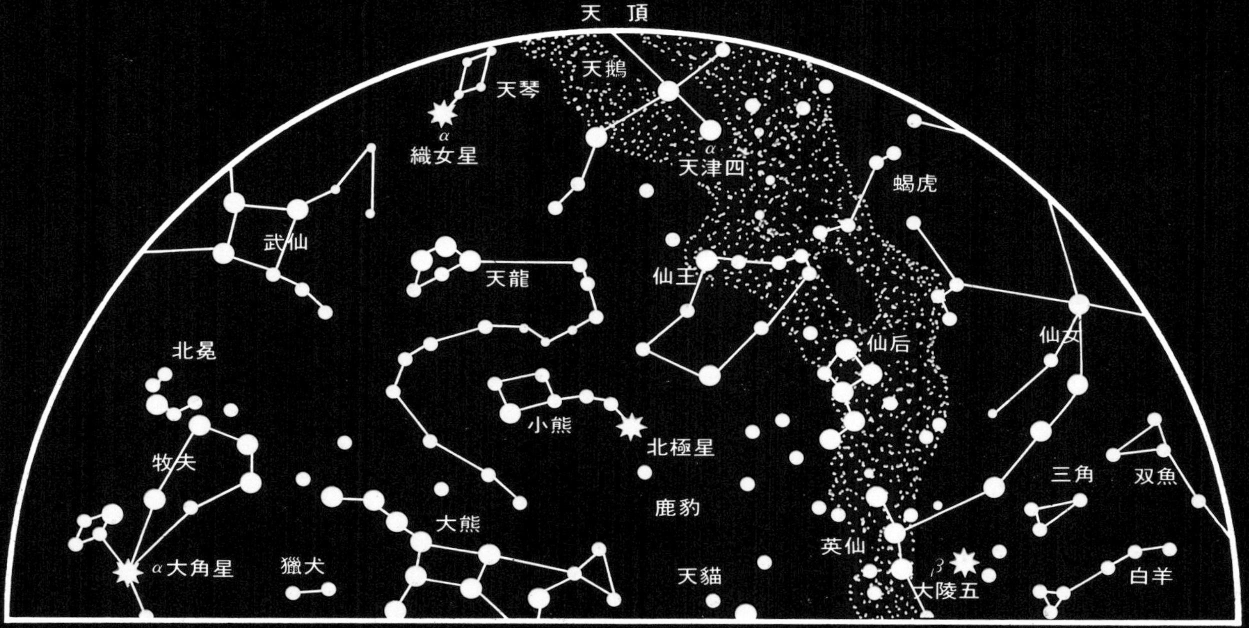

九 月 份 北 天 星 圖

西

東

天 頂

牧夫
α大角星
獵犬
北冕
武仙
天琴
α織女星
天鵝
天津四
仙王
天龍
大熊
小熊
北極星
鹿豹
天貓
英仙
β大陵五
仙后
蝎虎
仙女
三角
雙魚
白羊

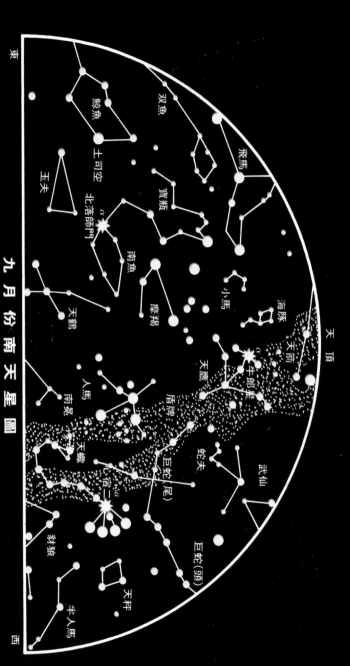

九月份南天星圖

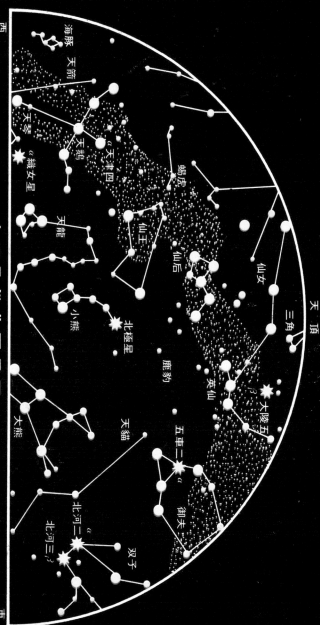

十二月份北天星圖

西

東

天頂

海豚
天箭
天琴
α織女星
天鵝
α天津四
天龍
蝎虎
仙王
仙后
仙女
三角
英仙
β大陵五
五車二 α
御夫
小熊
北極星
鹿豹
天貓
双子
北河二 α
北河三 β
大熊

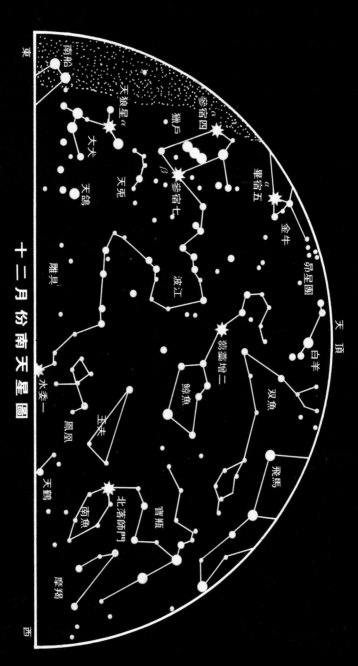

十二月份南天星圖

# 北極星圖

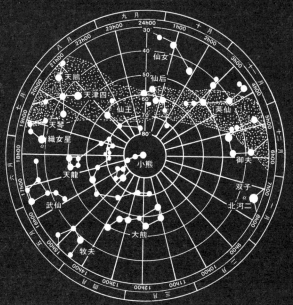

九月

八月

七月

六月

五

四月

三月

十月

十一月

十二月

仙女
仙后
仙王
英仙
御夫
天鵝
天津四
天琴
織女星
α
天龍
武仙
小熊
大熊
牧夫
双子
α
北河二

# 赤道星圖

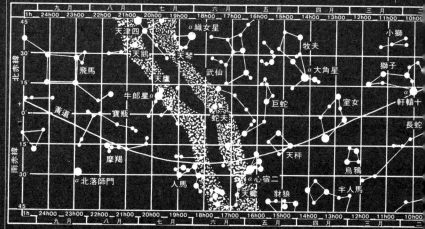

北赤緯
南赤緯

黃道

小獅
天津四
α織女星
牧夫
獅子
天鵝
天琴
武仙
飛馬
大角星
α
軒轅十
天鷹
牛郎星α
巨蛇
室女
寶瓶
蛇夫
長蛇
摩羯
天秤
烏鴉
α北落師門
人馬
α心宿二
天蠍
豺狼
半人馬

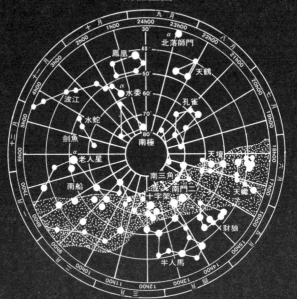

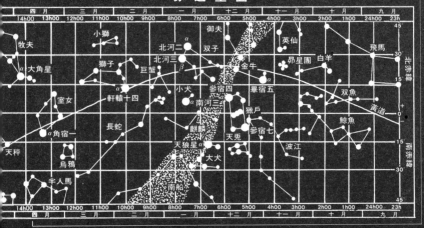

# 見證與文獻

愛月的讀者,
你還在雲霧中嗎?
不如探頭到叢星之中,
免得天落到你的頭上!

# 天空的異象

關於天的科學論述有多少，和天相關的文學作品就有多少。有時，天文學家甚至就是詩人。例如，義大利天文學家博斯科維奇（Boscovich, 1711-1787）就曾用拉丁文寫了不計其數的詩，歌頌日蝕和月蝕。有時，連司法機關都會關心天空，至少是關心天上掉下來的東西。

## 令人難忘的彗星

1527年10月11日，一顆可怕的彗星，在現在德屬上阿爾薩斯（haute Alsace）地方的維埃斯特里（Vuestrie），出現了很長的時間。

彗星的出現，預示連串的災難：戰爭、鼠疫、饑荒、地震、死亡、火災、水災或嚴重的破壞。

有些人認為，彗星出現，是因為某些星座對月亮下的天體施展壞影響，使地球土地貧瘠，引起饑荒，導致死亡。另一些人認為，有些煤煙色、自燃性的黑色煙霧，飄浮結聚在中層大氣間，不再降落，一直升到月

亮上。這些東西的密度越來越大，引致燃燒，就成了彗星。彗星燃燒後變成發臭的物質，散布各處，造成種種有害影響。

不容置疑，就像神的武器雷電一樣，彗星也會造成致命打擊。《聖經》中就這麼說：「天上將會出現徵兆。」還說「人若看到」彗星，就會受到懲罰。

我們來看看一顆彗星可怕的樣子：從燃燒的雲中伸出一隻黝黑、彎曲，手臂般的東西，持著出鞘的巨劍。劍頭朝下，彷彿隨時就要殺將而去。

它的頭上有一顆極為光亮的星，旁邊另外又有兩顆星。一邊一顆，其中一顆位置稍高。

除此之外，這把巨劍的兩邊還有許多人頭，頭上長著長長的黑鬍子，豎著長髮，看起來好像是被砍下來的。更可怕的是，除了這一大片人頭以外，還有許多血紅色的斧頭、梭標、標槍、長矛和劍，殺氣騰騰，令人膽顫心驚。

確實，這顆彗星出現之後，災難接踵而至，整個歐洲幾乎沉浸在血泊之中。土耳其人大肆入侵波蘭、希臘、匈牙利、波斯、阿拉伯半島和愛琴海各島諸國。義大利也沒有逃過戰爭的浩劫。非洲、亞洲和美洲的許多地方，也有災難臨頭。歐洲南部先是戰火延燒，各王國和和省份又接連發生了巨大的革命，造成大量的死亡、饑饉和瘟疫。

這些災難都是戰爭造成的。願神永遠保佑我們，讓災難永不降臨，讓信奉基督教的君主和平相處，永結同盟。各民族都企望諸王國省份永享安寧。

《1678年曆書》

## 雷電

《童話寶典》（*Le Trésor des contes*）對雷電產生原因的解釋很有趣：

從前有個魔鬼誘惑了夏娃，讓夏娃叫我們的祖先亞當上當。有一天，他就這樣作弄了亞當，這事大家已經知道。

魔鬼是因為嫉妒才做這樣的壞事。但亞當和夏娃雖說被趕出了伊甸園，還是可以贖罪，可以成為耶穌基督的兄弟姐妹。魔鬼看到這種情形，

只是警告，還是懲罰就要來臨了？民眾愣愣地注視著彗星。

更是分外嫉妒。

神知道，是的，神知道這事，知道魔鬼讓麥田裡長出蒺藜，讓玫瑰生刺。

魔鬼對自己幹的事挺滿意，但他還想要些更厲害的把戲。他在心裡盤算：「人比窗玻璃還要脆弱。窗玻璃只怕被人打，不怕聲音大。可人卻連聲音大也怕。

「我得造出些能發出隆隆聲的東西，擊碎懸崖，折斷橡樹。我不能把一切都燒成灰燼，至少可以讓人們心驚膽顫。這東西會發出巨響，人聽到了就會嚇得發抖！」

魔鬼去見神，說：

「我將擊發雷鳴，
讓你造的人害怕。」

神立刻想到閃光耀眼，可以在人們感到害怕之前，先提醒人們注意。

「我將發出閃電，
先讓人們看到：
他們會求我保護。」

亨利・普拉
（Henri Pourrat）
《童話寶典》

日蝕啟發了相隔一世紀的兩位天文學家的靈感。這兩位天文學家，是18世紀的博斯科維奇和19世紀的卡米耶・弗拉馬里翁（Camille Flammarion）。

## 當福玻斯（Phébus）掩滅照耀大地的陽光之火……

爲什麼雲被趕離天空？

當福玻斯向地球放射出最純淨的光線，當她的火光在空氣中不會有任何改變，爲什麼在她光耀奪目之際，濃重的黑暗卻突然到來，掩住白晝之神光燦的額頭？

爲什麼黑夜迫不及待，提前到臨統治世界？

是否黑夜在白晝之中，放下幽暗的帘幕，讓驚訝的世人，只看得到星星和微弱亮光？

當福柏（Phébé）高興地在空中發出月光，爲什麼有時卻進入黑暗之中，顯現憂傷之態，額頭上染得血紅？

我的繆思歌頌的就是這些現象。它們出現的原因，我將在詩中詳述。

太陽神福玻斯，你也統治著天上的奧林匹斯，即九姐妹可愛的奧林匹斯。

請你對我顯示大自然的奧秘，並用你的聖火照亮我的心。我將向世人訴說，你如何掩滅你照耀大地的陽光之火；我將告訴他們，你不願你的姐妹福柏和你一樣亮光。

我受你啟示，對你頌揚。請讓我的詩句和我頌揚的神相配。

在九姐妹中，你是我最關注的一位，也是我最喜歡的一位。

你不想住在地上，駕車上天，並

把額頭藏在叢星間。

主管天文的繆思烏拉尼亞（Uranie），請滿足我的願望，對我大力支持，永遠不要拋棄忠於你的詩人。

但是，我願望的對象，並不是福玻斯和那些博學的姐妹，而是你，帕克家族（Parkers）高貴的後代。

你的才能比那些博學的姐妹加在一起還要超卓。她們主管科學和藝術，能揭穿大自然最深奧的祕密。在你的保護下，她們從泰晤士河畔向廣闊的世界散布光明。

請你和她們一起，支持一個用她們和你的辛勤成果充實自己的人。是的，我的繆思所頌揚的，就是你們這幾位鼎鼎大名的智者……

你們渴望瞭解日蝕和月蝕，探索其隱祕之因。你們首先要做的，就是全面理解天的各個部分，研究星星的狀況和運動。

你們在觀察天空時，將會在美麗的夜晚看到無數的星星；或是看到福柏無精打采，收束光輪；或是看到太陽從黎明的岸邊昇起。

這些金碧輝煌的天體，釘鈕般固定在天花板上。但你們不要認為，它們是在天穹上的同一高度。它們或者處於真空，或者通過廣闊空間的稀薄空氣，同天上的奧林匹斯和大地都保持著不同的距離。

天體的光芒不斷閃爍。但由我們的眼睛看來，它們微弱的光猶如一束細線，各自的位置總是不變。它們的微小使我們感覺，它們總是如此遙遠。由於位置恆常不變，它們被稱為恒星。它們位於廣闊宇宙邊緣十分遙遠的地方，所處高度難以估計。它們的火也許同福玻斯一樣大，甚至超過福玻斯。它們的光散布空中，在經過漫長的路途之後，逐漸減弱，但還是顯現在夜空中。太陽要是飛到天上最高的地方，你們就會看到它逐漸變

小，最後竟消失在茫茫黑夜之中。

博斯科維奇
《日蝕與月蝕》
（獻給陛下的六章詩歌，1779年）

**當太陽在正午消失……**

在法國觀察到的最近一次日全蝕，發生在1842年7月8日。在巴黎只能看到偏蝕，法國南部卻能看到全蝕。作者並未親眼目睹這次日蝕，首先是因為作者並不住在日全蝕帶，其次是因為作者當時年紀太小（只有四個月又11天大！）。但作者後來的老師，著作等身的弗朗索瓦·阿拉戈（François Arago），曾特地前往他的出生地東庇里牛斯省（Pyrénées-Orientales）觀察此次蝕相。下面是他目睹情況的片斷：

日蝕開始的時刻即將來臨了。大約有兩萬多人，手裡拿著用煙燻黑的玻璃，觀看這個在藍色天空中發出燦爛光芒的星球。我們從望　　遠鏡裡，剛看到太陽的西面　　出現小小的缺口，兩萬個　　不同的聲音，忽然匯合成　　一個巨大

的叫聲。我們這才發現，和這兩萬多個沒有特別配備，只以肉眼觀察的「天文學家」相比，我們只早了幾秒鐘。日蝕的觀眾非常好奇，互相競爭，不想落在別人的後面，所以能明察秋毫。

直到這時，和太陽完全消失前不久，這麼多的觀察者仍然還能鎮靜泰然。但當太陽變成蛾眉形，只剩下微弱的光芒時，大家都感到莫名的不安。每個人都覺得必須把自己的感受對周圍的人傾訴。一種沉悶的呼嘯聲就出現了，猶如遠處的大海在風暴之後發出的聲音。蛾眉形的太陽越來越小，嘈雜聲就越來越大。最後，太陽完全消失，黑暗代替了光明。這時，四下一片寂靜，分明地報知日蝕的來臨，就像天文鐘擺的擺動一樣準確。

這景象非常壯觀，活潑的年輕人緘默了；男人們自以為高明的輕浮舉止不見了，眾士兵旁若無人的吵鬧聲也消失了。周圍靜悄悄的，連鳥兒也停止了歌唱。

在鄭重地等待了大約兩分鐘之後，陽光重現。所有的人都興高采烈，拼命鼓掌。剛才，大家因難以言宣的激動情緒，而陷入憂鬱的沉思，現在則心滿意足，喜形於色。沒有人想克制自己的感情。對大部分觀眾來說，日蝕已經結束。除了專門研究天

文學的科學工作者之外，日蝕的其他階段，已無人仔細觀看。

弗拉馬里翁
《通俗天文學》

## 隕星訴訟案

小心！星星也許會掉到你的頭上！不過，如果星星真的落下來，你會怎麼辦呢？隕星並非總是落在沒人的地方。19世紀40年代，在法國地區就發生了一件隕星奇案。由此我們可以看到，當司法機關連天上掉下的東西都要管，就不怕落人笑柄。

隕星並非總是落在沒人的地方！

1895年6月12日，我到格拉蒙城堡（château de Grammont）去，農民弗朗索瓦·杜亞爾（François Douillard）在那裡等我。54年前，格拉蒙城堡附近曾落下一顆隕石，弗朗索瓦·杜亞爾是第一個發現這顆隕石的人。

杜亞爾和我見面時77歲，個子矮小，身體健康，動作敏捷。他告訴我，那天太陽落山後一小時，他還在工作，聽到從勒熱（Legé）的方向，也就是西方，有個東西很快的落下來，發出可怕的咻咻聲，接著是猛烈的爆炸聲。那東西落在100到150公尺之外。據杜亞爾說，後面沒有發光的尾巴，爆炸聲連呂克（Lucs）也聽得到。

隕石落在兩畦葡萄田中的犁溝裡。一畦葡萄田屬貝納迪埃爾（Bernardière）的吉謝太太（Mme Guichet）所有；另一畦則屬於勒熱的沃拉先生（M. Vollard）。隕石落下來時撞出一個30公分深的坑，然後又彈了出來，落在旁邊。

杜亞爾把這塊嚇了他一大跳的隕石弄走，賣給格拉蒙附近城堡的主人梅西埃大夫（docteur Mercier）。〔……〕

隕石究竟誰屬，立刻引起梅西埃大夫、沃拉先生和吉謝太太的爭議。沃拉先生和吉謝太太要求收回他們對這個隕石的所有權，因為隕石正好落在他們田產的分界上。

他們談判沒有結果，決定訴諸法律，由沃拉先生對梅西埃先生提起訴訟。裁判管轄權屬約恩汀畔羅舍（Roche-sur-Yon）市的法庭。當時，該市名叫波旁—旺代

（Bourbon-Vendée）。

由於這塊隕石引起的爭議很不尋常，所以我覺得應該略略引述判決書的內容，以滿足讀者的好奇。

「鑒於涉及本案的石頭是一塊隕石，在落到地球上來之前，顯然不是任何人的財產；並鑒於沃拉亦不認爲他曾眞正占有過此一塊隕石，卻因隕石落下並停留在他所擁有的土地上，而要求將此隕石視爲他的附加財產；

「鑒於梅西埃不承認並否認上述最後一點，並說他認爲此一訴訟毫無意義，因爲雖然隕石在落下之前不屬於任何人，卻應屬於第一個占有或發現其者。如其方才所述；

「鑒於我們現行的法律與羅馬法相同，承認無主或主人不明物品之存在；

「鑒於這些物品中大部分是私有財產，因此首先必須尋找物品的主人；如屬遺失物品，則應交還給在有效期間內找到的原主；

〔……〕

「鑒於爲個人之利益，能否定第一占有者權利的唯一例外，僅有由增益權而發生之例外；即一般認爲：擁有某土地者亦可擁有該土地上無主物品之想法，如沃拉所持者；

「鑒於由增益權而發生之例外能否成立，必須參照法條之規定，而根據法律，增益權『乃物主對與物品合爲一體之所有物件之權利』；

「鑒於本案的情況，絲毫不符構成增益權之要件。因爲本案中的隕石並非與沃拉的土地合而爲一，構成一個整體，並增加其內在價值，使定期收獲的作物產量增加；

「鑒於人們確實應該承認，在一田地中，若發現採石場之石，或其他任何石頭，此等石頭皆應屬該田地附加之物。因此類石頭乃屬地球組成部分。由初始便與地球一起產生，因此可屬於所在之田地；

「鑒於隕石不屬同樣狀況。隕石乃因偶然之故，由產生之處落下，其性質完全不同。隕石與其落下處土地之不同，就如旅人遺落之錶或其他無論貴賤之物不同於土地。從未有人認爲，此類物品會與落下處之土地合爲一體而產生增益權；

「鑒於確實不能把進入屋外沒有圍牆的田地，而屋主對此行爲又未有任何異議，此種無可指責之行爲，看作擅闖或私入民宅；同理，亦不能將隕石等同於落下處之土地；

「鑒於上述理由，本院駁回沃拉之訴。」

拉克魯瓦
（M. A. Lacroix）
〈聖克里斯托夫修道院
（Saint-Christophe-
la-Chartreuse）
的隕石〉

## 聖愛爾摩之火，請為我們祈禱

電和光混雜變幻，造成聖愛摩爾之火（feux Saint-Elme）的奇觀，這些劈啪作響的電光，在民間信仰中被看作出現在陸地和海上，轉瞬即逝的星星。聖愛摩爾之火的名稱，來自義大利語中聖徒伊拉斯摩斯（Saint Erasmus）的名字，這位聖徒是地中海水產的守護神。西歐的水手們把聖愛摩爾之火看作他們的守護者，在海員中流傳著許多有關的傳說。

在暴風雨夜裡，船上每個前桅的頂端都會有火光閃動。這種明亮的藍色火光，就像咖啡館端出來的點了火的酒，引起了我的好奇。我驚訝地問一個水手：「那是什麼？」

「聖愛爾摩之火，先生。」

「啊！對，在燃燒！」另一個水手插嘴道：

「您不如說這是水手們的朋友。您看過這種火嗎？要是值班軍官對我說：『你上去把第二層帆紮緊』（對男人來說，這並不是件重活兒），我就會特別上勁把這活兒做好，因為這種火會和我一起爬到方帆的上後角，幫我忙，就像幫所有水手的忙。」

「但是，你怎會相信這種無稽之談呢？我好像在書上看過，這只是一種光電效應，是一種刷形放電，電就像流體一樣，會往尖端聚集。」

「我怎會相信這種無稽之談？您

要是喜歡，可以叫它流體效應，刷形放電。但是，這種火看來就像杯燃著火的燒酒。它是在暴風雨中淹死在海裡的可憐水手的靈魂。您看，海上起風浪時，那些淹死的水手在海洋這個大杯子裡多喝了幾口，他們的靈魂就來通知他們的伙伴，說上天要開槍了，要打雷了。」

「我倒想看看，我能不能摸到死人的靈魂。我要爬上前桅的踏腳索，去抓你的聖愛爾摩之火。」

我照自己的話爬了上去，直到前桅頂端。讓和我談話的水手吃了一驚。在他看來，我這樣無緣無故上去打攪他所說的水手們的朋友，無疑是種褻瀆。

當我把手慢慢伸向聖愛爾摩之火，那流體就跳動後退；我一抽回手，它也回來了。

軍官們都覺得，聖火和我之間這種對抗十分有趣。他們不斷地說：「您瞧，它比我們都要機靈。」

一個下不列塔尼的水手對我叫道：「要不要看我讓它消失？」我回答說：「要。」他畫了個十字。火就消失了。這種巧合更加深了這些純樸的人們的迷信……

科比埃
(Ed. Corbière)
《販奴船》
(Le Négrier)

# 天上的禮拜儀式

《聖經》最後一章的〈啟示錄〉，是極其優美的文學作品。〈啟示錄〉據說是由使徒約翰所作，記載上帝藉這位先知之口，要傳達給人類的信息。使徒約翰受聖靈啟示，來到天上，親身經歷種種異象。他目睹神秘的天上景象，知曉世界起源的奧秘，並先見了無法預知的未來。〈啟示錄〉中所記載的，就是這種種奇異景觀。〈啟示錄〉中諸般不可思議的奇特異象，表達異象的複雜象徵體系，以及壯觀的戲劇場面，使〈啟示錄〉始終如謎一般，費人思量。

先知來到天上，觀看種種宏偉景象。在天上的禮拜儀式中，神秘的羔羊現身，手拿寫有神旨的書卷，並一個個揭開那七枚封印。揭開第七印就是懲罰世界的信號。七枝號分別吹出了七種景象。

羔羊揭開第七印的時候，天上寂靜約有二刻。我看見那站在神面前的七位天使，有七枝號賜給他們。

另有一位天使拿著金香爐，來站在祭壇旁邊，有許多香賜給他，要和眾聖徒的祈禱一同獻在寶座前的金壇上。那香的煙，和眾聖徒的祈禱，從

天使的手中一同升到上帝面前。天使拿著香爐，盛滿了壇上的火，倒在地上，隨有雷轟、大聲、閃電、地震。

拿著七枝號的七位天使，就預備要吹。

第一位天使吹號，就有雹子與火摻著血丟在地上，地的三分之一和樹的三分一被燒了，一切的青草也被燒了。

第二位天使吹號，就有彷彿火燒著的大山扔在海中，海的三分之一變成血。海中的活物死了三分之一，船隻也壞了三分之一。

第三位天使吹號，就有燒著的大星，好像火把從天上落下來，落在江河的三分之一和眾水的泉源上。這星名叫茵蔯，眾水的三分之一變爲茵蔯，因水變苦，就死了許多人。

第四位天使吹號，日頭的三分之一、月亮的三分之一、星辰的三分之一都被擊打，以致日月星的三分之一黑暗了，白晝的三分之一沒有光，黑夜也是這樣。

我又看見一個鷹飛在空中，並聽見他大聲說，三位天使要吹那其餘的號，你們住在地上的民，禍哉，禍哉，禍哉。

第五位天使吹號，我就看見一個星從天落到地上。有無底坑的鑰匙賜給他。他開了無底坑，便有煙從坑裡往上冒，好像大火爐的煙，日頭和天空都因這煙昏暗了。

有蝗蟲從煙中出來飛到地上，有能力賜給他們，好像地上蠍子的能力一樣。並且吩咐他們說，不可傷害地上的草和各樣生物，並一切樹木，惟獨要傷害額上沒有上帝印記的人。

但不許蝗蟲害死他們，只叫他們受痛苦五個月，這痛苦就像蠍子螫人的痛苦一樣。在那些日子，人要求死，決不得死；願意死，死卻遠避他們。蝗蟲的形狀，好像預備出戰的馬一樣，頭上戴的好像金冠冕，臉面好像男人的臉面。頭髮像女人的頭髮，牙齒像獅子的牙齒。胸前有甲，好像鐵甲，他們的翅膀的聲音，好像許多車馬奔跑上陣的聲音。有尾巴像蠍子，尾巴上的毒鉤能傷人五個月。有無底坑的使者作他們的王，按著希伯來話，名叫亞巴頓，希利尼話，名叫亞玻倫。

第一樣災禍過去了，還有兩樣災禍要來。

第六位天使吹號，我就聽見有聲音從上帝面前金壇的四角出來，吩咐那吹號的第六位天使說，把那綑綁在伯拉大河的四個使者釋放了。

那四個使者就被釋放。他們原是預備好了，到某年某月某日某時，要殺人的三分之一。馬軍有二萬萬。他們的數目我聽見了。我在異象中看見那些馬和騎馬的，騎馬的胸前有甲如火，與紫瑪瑙，並硫磺。馬的頭好像獅子頭，有火、有煙、有硫磺從馬的

口中出來。口中所出來的火，與煙，並硫磺，這三樣災，殺了人的三分之一。這馬的能力是在口裡，和尾巴上。因這尾巴像蛇，並且有頭用以害人。其餘未曾被這些災所殺的人，仍舊不悔改自己手所作的，還是去拜鬼魔和那些不能看、不能聽、不能走金、銀、銅、木、石的偶像。又不悔改他們那些凶殺、邪術、姦淫、偷竊的事。

我又看見另有一位大力的天使從天降下，披著雲彩，頭上有虹，臉面像日頭，兩腳像火柱。他手裡拿著小書卷是展開的。他右腳踏海，左腳踏地，大聲呼喊，好像獅子吼叫。呼喊完了，就有七雷發聲。七雷發聲之後，我正要寫出來，就聽見從天上有聲音說，七雷所說的你要封上，不可寫出來。

我所看見的那踏海踏地的天使，向天舉起右手來，指著那創造天和天上之物、地和地上之物、海和海中之物、直活到永永遠遠的起誓說，不再有時日了。但在第七位天使吹號發聲的時候，上帝的奧秘就成全了，正如上帝所傳給他僕人眾先知的佳音。

我先前從天上所聽見的那聲音，又吩咐我說，你去把那踏海踏地之天使手中展開的小書卷接過來。我就走到天使那裡，對他說，請你把小書卷給我。他對我說，你拿著吃盡了，便叫你肚子發苦，然而你口中要甜如

蜜。我從天使手中把小書卷接過來，吃盡了，在我口中果然甜如蜜，吃了以後，肚子覺得發苦了。天使對我說，你必指著多民多國多方多王再說預言。

〔……〕

天上現出大異象來，有一個婦人，身披日頭，腳踏月亮，頭戴十二星的冠冕，他懷了孕，在生產的艱難中疼痛呼叫。

天上又現出異象來，有一條大紅龍，七頭十角，七頭上戴著七個冠冕。他的尾巴拖拉著天上星辰的三分之一，摔在地上。龍就站在那將要生產的婦人面前，等他生產之後，要吞吃他的孩子。婦人生了一個男孩子，是將來要用鐵杖轄管萬國的。他的孩子被提到上帝寶座那裏去了。婦人就逃到曠野，在那裏有上帝給他預備的地方，使他被養活一千二百六十天。

在天上就有了爭戰。米迦勒同他的使者與龍爭戰，龍也同他的使者去爭戰，並沒有得勝，天上再沒有他們的地方。大龍就是那古蛇，名叫魔鬼，又叫撒但，是迷惑普天下的。他被摔在地上，他的使者也一同被摔下去。我聽見在天上有大聲音說，我上帝的救恩、能力、國度，並他基督的權柄，現在都來到了。

〈聖經・啓示錄〉
第8、9、10、12章

# 法蘭西共和曆

曆法把時間劃分成
長短不一的單位,
以符合社會生活的需要。
曆法的劃分
通常和天文現象相符。
其基本單位爲日。
最常用來劃分時間的現象
是月的朔望,
即以太陽位置爲基點,
月面一盈虧爲一周期,
稱朔望月。
然而, 較長的時間劃分
通常是以太陽所造成的
四季輪迴爲一太陽年。
根據朔望月和太陽年
所編製的是陰曆,
有許多版本。
然而, 朔望月和太陽年中
的天數, 以及太陽年中
的朔望月數都不確定。
因此, 陰曆曆法的使用
造成了一定的困擾,
並促進了天文學的發展。

## 革命的時代, 革命的曆法

法國歷史學家米什萊 (Jules Michelet) 告訴我們:「過去的時代既是歷史學的時代, 又是天文學的時代。」法國大革命徹底變革的願望, 使國民公會甚至決定改革曆法, 並採用新曆, 即法蘭西共和曆 (le calendrier républicain)。

1793年10月6日, 法國國民公會頒行新曆。宣布法蘭西共和國於1792年9月22日成立。那一天恰是秋分, 法國

天還沒黑, 謹慎的牧羊女就催促她的羊群回家, 免得在霧裡迷了路。她手裡抱著稚弱的羔羊, 肩上扛著柴薪, 好帶給自己的媽媽。

革命者利用這一巧合，把這天定為曆元，並把一年的開端定在民用日，這一天在巴黎所在的經線上正好是秋分。

在這個曆法中，一年包含12個月，每月有30天。12個月的名稱由國民公會議員法布爾·德·埃格朗蒂納（Fabre d'Eglantine）訂定，發音悅耳，富有詩意。一季中三個月的詞尾相同。12個月的名稱各為：

——秋季：葡月（Vendémiaire）、霧月（Brumaire）和霜月（Frimaire）；

——冬季：雪月（Nivôse）、雨月（Pluviôse）和風月（Ventôse）；

——春季：芽月（Germinal）、花月（Floréal）和牧月（Prairial）；

——夏季：穫月（Messidor）、熱月（Thermidor）和果月（Fructidor）；

詞源學家對這些美妙的名稱多所批評。我們更有充分理由質疑它們：國民公會的議員們希望，他們的曆法能和公制一樣，為所有的國家採用。然而，這些名稱卻只符合法國的氣候。

每月中的30天分為三旬，一旬10日。年末有五個增日，放在果月的後面。每個第四年是閏年，再加上第六個增日，稱為革命日。法蘭西共和曆的閏年，和陽曆的閏年並不一致。

1805年9月9日，拿破崙頒布法令，從1806年元旦起廢除法蘭西共和曆。由於第一年並未使用（共和曆在2年葡月15日才開始使用），所以該曆法一共只用了12年。共和曆14年始

「取自氣候或收穫的月份名稱巧妙生動……使眾人牢記在心，永不忘懷。」——米什萊

於（陽曆）1805年9月23日，只有三個月又八天。

在每本《經度局年鑑》中（特別是單月），都能看到共和曆日期和陽曆日期的對照表。

在共和曆中，每年的第一天正好是巴黎的秋分。由天文學家負責確定秋分的時刻，然後頒布法令，確定那

（Delambre）認爲，這種情況可能會在共和曆 144 年出現。（事實上，在1935年 9 月23日，太陽到達秋分點的時間是巴黎時間23點48分。）

　　制定共和曆的人，使一年開始的時間取決於在巴黎緯度上進行的相對計算，卻希望全世界能接受他們的曆法。他們的錯誤是忽視了心理上的問題：各個民族都希望自己的曆法被所有人採用，曆法的制定變成各民族力量角逐的相對而非絕對結果。讓各個經度和時區的人採用同一種國際體系的問題，長期以來困難重重，直到20世紀才得到解決。另外，人們對各個月份的名稱也有意見，認爲這種曆法只是爲一個地區而制定的。那麼，共和曆是不是在法國就受歡迎？顯然也不是。立法者們低估了習慣和紀念日在人們心中的重要：新的曆法中斷了和歷史的聯繫。它只考慮將來，卻不顧過去，連最近的過去也不屑一顧。它沒能深入人心就消聲匿跡，當時的人們卻並不覺得可惜。

　　對過於大膽的改革者來說，這個嘗試是最好的警告。曆法可以修改，也應該修改，卻不能放棄陽曆的基本原則，因爲陽曆已經具有悠久的歷史，並逐漸爲絕大多數人所接受。

保羅・庫代爾克（Paul Couderc）
《曆法》
（le Calendrier）

年開始的日期。困難在於：太陽到達秋分點的時間接近午夜，極小的偏差就可能使一年開始的時間相差整整一天。當時，法國的天文學家德朗布爾

# 流動商販兜售的書籍

1852年11月30日，「流動商販售書審查委員會」成立了。表面上看起來，這個機構成立的目的，是為了賦予流動商販合法存在的權利，並將他們納入管理，審查他們印刷買賣的圖書。然而，就連該機構本身都不諱言，「流動商販售書審查委員會」之所以成立，正是要完結流動商販流動售書的400年歷史。流動商販往來各村莊傳布販售的圖書，又稱為「藍皮書」。當政者認為，這些行銷各處，廣泛散布的小書，對人民的思想可能產生不良影響，進而危害其靈魂安寧。在這些流動商販往來傳布的書籍中，曆書因為歷史悠久，數量龐大，而成為售書審查委員會首先下手管制的目標。在該委員會頒佈的禁令影響下，這類書籍幾乎全部消聲匿跡了。

## 曆書

法語「曆書」（almanach）這個詞的詞源無法確定。可能出自阿拉伯語（其中，manach 的意思是「計算」），也可能出自古撒克遜語（langue saxonn; old Saxon language：9—12世紀通行於東歐撒克遜諸部落間的語言），或克爾特語（langue celtique; Celtic languages：印歐語系的一支，又可分兩支，一為大陸克爾特語，公元前5世紀到公元5世紀通行於歐、非洲某些地區；一為海洋克爾特語，即今日愛爾蘭語和英國威爾斯語的前身）。撒克遜語中的 almooned 指計算朔望月的一種方法；而3世紀時的克爾特語中的 almanach 可能是指僧侶或先知。

顯然，從一開始，曆書這個詞就與時間的計算或解釋有關。曆書可能是最古老的書籍形式之一。中國、埃及和希臘，都早在印刷術發明前就有曆書了，有些當時的手抄本一直流傳至今。15世紀出版的《牧羊人大曆書》，堪稱曆書的典範。在同一時期也有流動商販兜售曆書。但是，曆書真正成為人民大眾閱讀的通俗書籍，是在17世紀。當時，這種在農村居民中很受歡迎的小冊子，以星相學知識和對未來的預卜為主要內容。其天氣預報的根據則是星相氣象學。

星相學在時間的劃分和安排方

面，確實起了重要的作用。星體影響四季、動植物的生長和人類的行為，維持著大小宇宙的秩序。因此，曆書的封面，往往印有本領高強的星相學家形象：星相學家對自然的秘密瞭如指掌，能預報天氣，預測各種事件。

這是為什麼預言集普受歡迎。例如，托馬斯–約瑟夫・莫爾特（Thomas-Joseph Moult），和米歇爾・諾斯特拉達穆斯（Michel Nostradamus）的預言集。這兩個作者確有其人；其他的星相學家，則往往是專門出版流動商販兜售書籍的出版商臆造出來的。

18世紀出版的曆書有種十分明顯的傾向：在當時啓蒙思潮的影響下，曆書開始批評星相學過於強調神的旨意。當時曆書比較注重實用性，以及

各種知識的傳播，也提供讀者作為消遣。

在法國大革命時期，藉著流動商販，曆書散布到每個村莊，成為傳播新思想的工具。在19世紀，人們對星相學重新發生興趣的情形，也反映在曆書裡。《馬蒂厄・拉恩斯貝爾曆書》（*Mathieu Laensberg*）在里爾、盧昂和列日出版都受到歡迎，證明了這點。

有些眾所周知的曆書至今仍在印行。《瘸腿信使》（*Messager boiteux*）的第一冊是在18世紀出版的。該書以及隨之出版的一些同類書籍，在法國東部的農村居民中都很受歡迎。現在仍在法國上萊茵省（Haut-Rhin）出版的農民曆書，和主要在瑞士發售的《瘸腿信使》就是

兩例。

巴黎國家民間藝術及傳統博物館
《雨過天晴：氣象》
*(Après la pluie le beau temps:*
*la météo)*

各種曆書形式中，以牧羊人和農民為主要對象的曆書最受歡迎。在歐洲深受歡迎的曆書典範《牧羊人大曆書》，就是最好的證明。

## 《牧羊人大曆書》

在西歐，《牧羊人大曆書》是流動商販兜售書籍中的暢銷書，被公認為曆書的典範。該書於1491年首次出版。

此後 300 年中，它的法文版至少印了40版。該書的頭幾版，以其中木版畫的質量著稱。但第一個真正受到民眾歡迎的版本是在17世紀時，由尼古拉二世烏多（Nicolas II Oudot）於1657年在法國特魯瓦（Troyes）出版的。《牧羊人大曆書》非常暢銷，專門印刷流動商販兜售書籍的所有大印刷廠，至少都印刷過一次這種曆書。

### 農民萬年曆

最近的天氣

早晨天上發紅，晚上就會下雨；但晚上天上發紅，第二天就會天晴。

　　早晨太陽升起時，若有雲形成的長長條紋，雲會下降，吸取地上的水，所以好天氣的時間不會長。

### 利用月亮預測天氣

月亮發藍，就要下雨，月亮發紅，就要颱風，月亮發白，天氣晴朗。

### 新月和天氣

　　記住：新月那兩日若是好天，新月後的第一個星期二就是好天；新月時下雨，那一天也會潮濕有雨。

### 霜和天氣

記住：在聖米歇爾節（la saint Michel）（9月29日）前有幾天霜，在節後也有幾天霜；在聖喬治節（la S. Georges）（4月23日）前有幾天霜，在節後也有幾天霜。

### 關於冬天

入秋或秋後仔細觀察鴨子的胸部。如果鴨子整片胸部都是白的，冬天會很短。如果上紅下白，冬天將按時開始。如果上下白中間紅，冬天會遲半個季節來到。如果鴨屁股是紅的，冬天將會很晚才開始。

### 預測下星期的天氣

古代法國的農民觀察星期天上午7點左右到10點的天氣，預測未來一星期的天氣。如果這段時間裡下雨，下一星期大部份的時間也會下雨。

### 另一種預測天氣的方法

日落時東方有虹，再看月亮的情形，可以知道第二天會打雷或下雨。如果同時有兩條以上的虹出現，就更可以肯定會打雷或下雨。晚上有虹，第二天早上天氣會好。

　　天上有兩條以上的虹，而且出現很長的時間，可能很快就會變天，而且會有雷雨。這適用於月亮形成的虹，也適用於太陽形成的虹。

安托尼・馬奇努
（Antoine Maginu）
《農民萬年曆》
1736年

### 《星相學寶鑑》

《星相學寶鑑》（le Miroir d'astrologie）是16世紀末的作品，從未在曆書中被直接引用，但曆書中的星相預測很可能參考了其中的資料。

諾斯特拉達穆斯（1505－1566），是最偉大的星相學家之一。

既然每個人都想知道自己的未來，我也就樂於或從事星相家這個職業，解說天上的訊息。況且，星相的重要，希臘天文學家托勒密（Ptolémée）早已向我們證明。為滿足求知和博學的人們的需求，並展示偶然發生的所有事情，我決定刊印自然星相學。所有星相學家和煉金術士都相信，天體主宰地球上的事物。同樣的，人可用自己的意志來抵制恆星和行星的意願，托勒密就是這樣寫的。亞里斯多德證明，人們可以謹慎地避開危險；Sapiens dominabitur Astris（哲人主宰天體）。因此，人都該竭力抵制星星的影響。書中寫道，只要智者願意，就能消除星座的有害影響。因此，要消除星星的影響並不困難。自由意志就是我們自己的意志；因此，人們可以避免不利的事情發生。人必須祈求高高在上的神大發慈悲，同時依靠自己的明智。因此，沒有任何事是確定不變的。如果有人不同意這點，就該受罰，他的話也就毫無意義。黑人占卜、大地占卜、睡眠占卜和香味占卜這些東西，既無根據又無價值，因此也受到教會的抨擊。

其次，我宣布，星相學家知道的恆星共有1122顆，具有43種形狀，另有7顆行星。因此，在這些星相中出生並受其影響的人們，不必拘泥於其自由意志。

本書最大的秘密，

是要得好活才能有好死，
而要又有好活又得好死，
就得有最強壯的身體。

在12月出生的婦女，和藹可親。髮色紅棕。但大部份頭髮顏色淡褐，體毛色黑，眉毛漂亮。眼睛可能是藍色、綠色、棕色或黑色。但不管眼珠是什麼顏色，沒有人會有黑色的頭髮。她身材優美，頭上、手臂上或臀部可能有記。年輕時，她皮膚不黑也不白，容易發怒，不信宗教，也不相信任何人。她十分能幹，容易樹敵，在盛怒之下會出手傷人，或是口出惡言，招致殺身之禍。她會歷盡艱難，但非常注意修飾自己，常常照鏡子。她身體健康，頭髮豐厚。心情低落，就吃了便睡。她的胃或胸容易疼痛，膝蓋或手腳會出毛病，會掉牙齒，在23歲時會生一場大病。她可能一氣之下，離開自己的祖國，失去父親的財產。她生孩子以後，變得小心謹慎，足智多謀，讓大家都覺得滿意。她和朋友相處和睦，過了40歲會發財，一直活到70歲。

這本書只是消閑之作，並非為確定某些事情而寫，因為一切都服從神的願望，神想做的事都能做到。在塵世中，一切都是偶然，一切都是萬能的神所安排的。〔……〕

諾斯特拉達穆斯
《星相學寶鑑》

# 《愚人船》

德國人文主義者塞巴斯蒂昂·布蘭特（Sebastian Brant, 1458—1521）所著的《愚人船》，在1494年狂歡節問世以來，不僅在德國一炮而紅，在歐洲其他國家也大受歡迎，各種譯本和仿作紛紛出現。作者讓樂土上的所有愚人乘上一條船，開往「納拉戈尼亞」（Narragonien），即「愚人的王國」。

## 觀察天體

社會上各個階級的代表都在愚人船上。每個愚人象徵人類的一種惡習。在書中某章，布蘭特談到想瞭解天空的癖好。

想還沒發生，不知道，
或是做不到的事情，
確實愚蠢。
未卜先知，
是醫生的本領，
可愚人在一天之中，
卻作出許多
永遠不能實現的預言。
預言四處流傳，
讓大家坐立不安。
每個人都想知道，
天體和星星的運動，
會告訴我們什麼，
讓我們瞭解神的念頭。
人們以為，
觀星便能瞭解神意，
彷彿星星決定我們的命運；
彷彿這塵世上，
一切都要聽從星星的安排；
彷彿神不是宇宙的主宰，
不能隨心所欲，
使這裡的生活安逸，
讓別處的生活艱難；
不能隨興，
拯救農神薩圖恩（Saturne）之子，
而那些生而富貴者，

如太陽神或主神朱比特,
會命途多舛。
基督教徒的預兆,
和異教徒觀察行星不同。
想知道明天是吉是凶,
能不能購物、築屋、披甲出征,
能不能播種、結婚、
結交朋友或行其他的事。
我們所有的話、行動、工作、敵意,
都應出自神的意願,
以神的名義完成。
相信星星,
認為在吉日行事馬到成功,
認為在某時、某年、某月
一切順利,
並不等於相信神祇。
做不到的事情,
在再吉利的時辰也做不到,
而凶日之中,更覺寸步難行。
有些人相信,

元旦之時,
若不穿新衣,
不唱著歌來來去去,
不在屋裡放樅樹,
當年就會死去。
古埃及人就真把這些事信以為真!
人們還認為,
沒有新年禮物,
一年就不算有好開端。
迷信就是這樣產生,
預言、咒語、行為、夢境,
鳥鳴與飛行,月相和妖術;
任何事情都被當作某種跡象。
每個人都對天發誓,
說他句句實言,
而這事也只有他自己知道,
他卻遠看不到事情的真象。
不只星體的運行,
被當成種種預兆。
連蒼蠅的小小腦子,
最骯髒不過的東西,
也會有徵兆在天上出現。
人們所有的話,所有的主意,
走運的原因,行為和計劃,
霉運、事故或殘疾,
這些事之所以能未卜先知,
不過是根據星體,
和對宗教的蔑視,
甚至褻瀆神明。
蠢話處處,世界也變蠢:
每個人都輕信,
一切愚人所言。

《愚人船》的木版畫插圖，是該書受歡迎的原因之一。

歷書眾多，十分流行，
處處發賣，傳布預言，
印刷廠老板開動機器，
準備印出胡言亂語。
這種行當無人制止：
世界就是這樣，
喜歡受騙上當。
要是有人眞正去研究和教授
天體的眞正科學，
而不是利用星星達成
陰下的目的，
在人們的思想中
散布混亂，
要是這種科學，
還是摩西或但以理了解的科學，
它就不會有任何壞處，
而只會帶來好處，

值得人們注意。
今天它被用於
占卜和預言。
當家畜死亡，
小麥或葡萄根部乾枯，
當天降雨雪，
天氣將要晴朗並颳起順風，
科學就要出來說話。
農民查閱預言，
是爲了從中獲益，
等價格上漲之後，
才出售囤積的小麥或葡萄。
《聖經》裡說，
亞伯拉罕在迦勒底昂首問天，
他身處黑暗，
因無後而絕望。
上帝對他說話，
予他光明及安慰。
這些事蹟，
確非尋常，
似期待神明就範，
彷彿神應服從
命運的安排。
這樣就會失去，
萬能的神的寵愛，
並讓自己，
聽從魔鬼的妖言。
當國王掃羅再聽不到神的聲音，
他只得祈求魔鬼保佑。

塞巴斯蒂昂・布蘭特
《愚人船》

## 《童話寶典》

地方文學作家
亨利・普拉(1887—1959)
投注畢生精力蒐集童話和民歌,
並按題材加以分類。
要是沒有這位作家,
許多童話和民歌都會失傳。
現在,《童話寶典》
成了民俗學者的金礦。

### 那些抓月亮的約翰

從前有個地方,在平原和高山之間⋯⋯我不告訴你們這個地方的名稱,是因為不想讓你們知道。有年四月,月色橙黃,霜凍帶來了災難,葡萄的芽都枯萎了。

霜凍之後第一個星期天,葡萄農民在酒窖裡聚會,討論這次災難。在產酒的地方,酒窖常是聚會所⋯⋯

鄰里們也許是自信心不夠,都說自己不大聰明,連聖母哪個月升天都不知道。

他們說自己運氣不好:要是閃了腰跌在地上,也會把鼻子撞破。

但是,這些人,這些抓月亮的約翰,運氣還是不錯。他們的鎮上,出了一個有頭腦的聰明人。那人從年輕時起就挺會出主意。那個人出的主意,成打論斤,大家很快就選他當鎮長。

因此,在這個星期天,全鎮居民都期待鎮長想出個一勞永逸的對策,使霜凍帶來的災難不再發生。

他們一大夥人,聚集在大榆樹下。他們臉頰發紅,頭戴帽子,在那裡討論,此起彼落的叫喚著。

「安靜!」鎮長叫道。「我們要動動腦筋。大家好好聽著:這次的損失是月亮造成的。我們要是能除掉月亮,就能永遠收到葡萄,叫葡萄酒永遠流淌!」

他就是這樣說的!啊,原因找出

來了……大家兩眼盯著鎮長，像小喜鵲那樣張著嘴巴，等鎮長說出下面的話。

「不錯，」鐵匠說道：「但是，怎麼除掉月亮呢？」

「怎麼找到它呢？」另一個人叫道。

「你們別管這些！」森林看守人眨了眨眼說道：「鎮長先生自有主張。他會有辦法的。」

「不過，要除掉月亮，得花點力氣。」鎮長繼續說道：「你們看，月亮疑心很重……它在上頭窺伺我們，嘲笑我們，你們看到了嗎？」

月亮像頑皮的男孩，爬在花園的一堵牆上看著他們。這個時候，月亮把前額藏到了教堂的鐘樓後面。是的，它透過榆樹梢看著他們。它並不是滾圓的，卻彷彿朝著他們靠近。月亮是那麼明亮、潔白、安靜……

「你們看到了嗎？它在嘲笑我們，錯不了！把它從上面趕下來，得花點腦筋，要動動腦……我已經想出了一個主意……今天晚上，我們還沒有準備好，不能進行襲擊。明天這個時候，你們再到這裡集合。每個人都把自己的桶帶來！」

他們的桶，就是採葡萄的桶。沒人再會去想鎮長究竟會做些什麼。但是，鎮長既然說了，他們就把自己的桶帶來。現在，每個人都喝酒去了。

第二天晚上，每個人都帶來了自己的桶。有這麼多的桶！這麼多的桶！廣場都給桶子佔滿了。在平時，廣場上只有一叢蒲公英、兩塊石頭和三根隨風搖動的麥桿……

月亮出來了。還是老樣子，在窺伺他們，嘲笑他們。它比前一天更圓，也更危險。天黑了，天氣很溫和，混和著樹叢、潮溼的泥土和青草的氣味，但空氣逐漸變涼。雲消失了，天空澄澈，只有月亮發出明亮的光，正好讓葡萄樹的芽枯乾。這可惡的月亮，要把葡萄樹的芽全部弄枯！

鎮長下達命令，森林看守人做總指揮。森林看守人是個老無賴，臉紅得像雄雞，人比松鼠還靈活。他讓人在廣場中央放上一個桶，然後擺上另一個，桶一個個疊上去……

桶一直疊上去。像塔一樣豎立起來。森林看守人飛身上去，把桶子一個又一個堆疊起來。桶子堆的比房屋還高！比教堂的鐘樓還高！

「加油！加油！我要碰到月亮了！再來兩三個桶，我就能抓住月亮了！」

他站得那麼高！那麼高！就像鐘樓上的雄雞！地上幾乎聽不到他的叫喊，只聽到微弱的聲音……

「再一個桶就成了！」

但是桶已經沒有了。人們到處去找，卻一個也找不到。所有的桶都從酒窖裡拿了來，堆上去了。

大家都忙忙碌碌，到處奔跑，到

處尋找。但桶沒有了，一個也沒有
了！真傷腦筋，讓人急的要扯頭髮
……

　　突然，鎮長有了主意。

　　這是他的故鄉，即使是在這種時
候，他都想得出點子。

　　「現在，上頭的月亮是抓不到
了！你們給我把下面的月亮抓住！」

　　他們都拼命往下跑。

聲音啪嗒啪嗒，就像打雷一樣。

　　撞擊聲和叫聲嘈雜混亂，震耳欲
聾，好像要把教堂的牆壁震裂……

　　森林看守人這靈活的老頭，在喧
鬧聲中跳來跳去，從上面一隻桶跳到
下面一隻桶……但是，桶子堆成小
山，他不能一直跳到地上。最後，他
總算抓著桶邊的破洞爬了下來，一隻
胳膊卻脫了臼。雖然如此，他還是到

農民傳說中常有撈月亮的人的形象。這些頭腦簡單的人看到月亮在水中的倒影，就想把它撈

每家去喝酒。那天晚上，每個人都請他喝酒。

另一天晚上——上次他可能沒喝夠——他在葡萄園和農民的家裡轉了一圈，正要回家。他高興地走著，紅色的大鼻子挺在前面。每當他被石頭絆了腳，就換個方向，因為他覺得小路看起來倒是筆直的。走到山坡上，你猜他看到了什麼？

有時用手，有時用耙子撈。

在村莊那邊，有一個紅色的東西在移動，在上升，就像打開爐門時看到的火……

他立刻奔回家，取下鼓，套上肩帶，拿住鼓搥。他敲著緊急集合的鼓聲，走在大街小巷。

「救火！救火！救火！」

「什麼地方？什麼地方？什麼地方？」

所有的人都出來了，叫喊著，門砰砰響。

他還是擊著鼓，快步走著。

「到池塘去！到池塘去！」

那是月亮！月亮升起來了，像火一樣紅，在黑色的柳樹後面，又在水面上映照出來……

每個人都很激動，都去喝酒。

從此以後，森林看守人更加怨恨月亮，就像他怨恨隔鄰的惡婦，或是看到他就躲開的惡棍女兒那樣。月亮和他，有一筆老賬要算。他時時窺伺著月亮，但月亮並非總在嘲笑他。

一天晚上，他氣喘吁吁地跑到鎮長家裡。

「快點，鎮長先生！月亮碰到山坡了！這回要是還抓不到它，算我倒楣！」

確實，那天晚上的月亮，就好像擺在山丘上一樣。

他們拿起裝小麥的口袋，手肘貼著腰，朝著月亮的方向跑去。

但是，月亮在河的另一邊。山坡

很陡。他們爬到上面，已經端不過氣來，月亮卻還是逃脫了他們的手掌。

他們把口袋扛在肩上，又試了兩三次，想逮住月亮，但每次都沒有抓到……為了恢復體力，他們只好去喝酒。

然而，鎮長忽然想到：「一直抓月亮，我會在鎮裡失去威信。」

他想起歌曲裡唱的諺語：「最好還是稱狼為善良的野獸。」他心裡想：「最好還是說月亮的好話。」

「我們過去想把月亮除掉，並沒有錯。不過，在播種時節，是誰用月光照亮我們的呢？」

「在月虧時下種，
　種子照樣能發芽。」

「沒有滿月指示播種的時間，
　萵苣照常會長，
　紅皮白蘿蔔和香葉芹也照常會長……」

「可誰用月光照亮樹林呢？」

「樹木有刺，月兒彎彎，
　樹木有葉，月兒彎彎。」

「要是真像諺語中說的那樣，沒有月亮，蟲就要吃樹木。月亮也告訴我們剪指甲、剃頭髮的時間……要是沒有月亮，我們得自己造一個。各位朋友，既然我們很幸運有了月亮，就要好好保住它！」

這位鎮長一旦開口，說出的就是金玉良言。

當時是五月的一個星期天。這番話是在客棧前面的葡萄棚下說的，旁邊剛好放了很多酒罈。這番話值得眾人永留腦海。為了記住這些話，每個人又喝了一杯酒。

兩星期後，在寂靜的夜晚，鐵匠從葡萄園回家。走過池塘邊時，你猜他看到了什麼？那是月亮，掉在池塘的中央……

不能讓月亮丟掉！得把月亮撈起來，讓它重新回到天上。鎮長說的話還在他耳裡轉呢！要是沒有月亮，真是個大災難！

得趕快通知大家！

他沒有想到抬起頭，看看月亮是不是還在天上。在這個地方，只有鎮長才會出主意。也只有他才會想到，既然有人在柳樹間的池塘裡看見月亮，而且看得這麼近、這麼清楚，月亮怎麼會在天上呢？

他到村裡，把那些抓月亮的約翰都帶回池塘邊。怎麼辦呢？怎麼把月亮撈起來呢？

「找驢子來，」鎮長說。「讓它喝水。驢子把水全部喝光，我們就能拿到月亮，把它重新掛上天。」

立刻有人把驢子牽來了。驢子身強力壯，很樂意地開始喝水。

一朵雲飄過天上。過了一袋煙的時間，月亮就不見了……

「糟糕！驢子把月亮給吃了！」

他們跳進池塘，要把驢子拉出來。但他們吵吵鬧鬧，大叫大喊，驢

太陽和月亮約會……

子受了驚嚇。四處亂撞，濺起水，撞了人。一片混亂中，驢子逃走了，而且跑得飛快，在田裡、灌木叢旁、葡萄園的平臺上來回踐踏。

人們跟在驢子後頭追趕著……

他們有的從這一頭追，有的從那一頭追。最後，他們會合在一起，在客棧對面的大橡樹下，撲上前去抓到了驢子。

盛怒中的人們，毫不猶豫地痛打驢子，然後把它剖腹開膛。

驢肚裡卻沒有月亮……

「啊，該死的東西。驢子邊跑邊拉屎。不知道把月亮給拉在什麼地方了！我們再也見不到月亮了！」

大家都驚慌失措，淚流滿面，只好各自回家。

但是，鐵匠走到教堂的後面時，大叫了一聲……「月亮在那兒！月亮找到了！它在那兒！」

月亮在那兒，在小廣場的水池裡。在四幢破房子和圓形的圍牆間……原來，那片雲從面前走開了，月亮又重新出現。鐵匠就在水裡看到它。

「驢子把它拉在那兒。得立刻把它撈出來！」

大家都跑來了，鎮長跑在前頭。森林看守人把繫驢子的繩子拿了來。繩子雖然舊，卻很長。他們在繩子的一頭綁了個鉤子，把鉤子丟到水池裡。

十幾個人一起拉繩子。

但鉤子鉤住了池底的石頭，鉤得很牢，怎麼樣也拉不回來。

又多了一些人來幫忙。加起來一共有二十幾個人，拉得更用力了。拉呀！拉呀！手上的皮都磨掉了！

繩子忽然斷了。他們都仰面朝天，跌倒在地。

你猜他們又看到了什麼？

「月亮在上面，月亮又回到了天上！」

「啊，花了這麼大的力氣！不過，我們還是讓它回到天上了！」

他們和月亮的故事就這樣結束了。那天晚上，這些抓月亮的約翰高興極了，每個人都酩酊大醉。因為他們想慶祝慶祝，又去喝酒。

亨利·普拉
《童話寶典》

# 民間氣象學

往昔經由臆測、簡單的
因果關係，和不合邏輯的推理
充份發展的大量民間知識，
儘管飽含想像，
積累發展出豐富的
諺語、神話和傳說，
卻並沒有給予今天的
天文科學多少滋養。
民間知識和氣象科學的關係
亦復如是。然而，研究
神話、傳說、民俗和諺語
所保存的民間知識，
仍然很有興味。
將過去利用肉眼、經驗
或不甚完備的儀器，
所累積的大量觀察結果，
與今天科學家用電腦
和高度精密儀器觀察計算，
所發展的科學知識相比較，
不僅是為了再現
氣象研究的歷史，
也為了瞭解，在這些
諺語表達、累積的觀察中，
有多少是正確，
並可資利用的。

## 6月24日：聖約翰節 (Saint Jean-Baptiste)

在《聖經》故事裡，給基督施洗的約翰是使徒約翰的表兄，比他大六個月。這位「先知」也是真理的犧牲品，比耶穌早死三年。

施洗約翰是夏至的聖徒，而使徒約翰則是冬至的聖徒。施洗約翰象徵夏天變強的日光，使徒約翰則表示冬天變弱的日光。如下面的這個諺語：

約翰和約翰，
一年各一半。

西歐習俗中，經常把基督教的聖約翰節作為冬、夏至日的象徵：

聖約翰節，
夜晚最短。

或者反過來說：

聖約翰節，
白晝最長。

在聖約翰節，有許多迷信的活動和習俗。首先是火的迷信：

聖約翰節，
火燒得旺。

這火當然是太陽的光，但也指點燃在山丘上，青年人圍著跳舞的篝火，所以也是愛情和欲望之火。對聖約翰節的「一夜婚姻」，古西歐的人們聽其自然。法國普羅旺斯地區的一個諺語，說的就是這種愛情之火：

聖約翰節脫衣，
第二天穿衣。

另一種說法則是：

聖約翰脫掉你的衣服，
到第二天再穿上你的衣服。

還有一種說法比較婉轉：

6月24日穿著單衣，
第二天再穿冬天的厚裳。

聖約翰節的前夕，即23日至24日的夜裡，是巫師和巫婆採集藥草的時辰：

聖約翰節的藥草，
全年有效。

更奇怪的，是另一個迷信的建議：想有好收成，就得在聖約翰節前一天的夜裡，躺在要用的肥料上。

下面這個諺語所說的，十足是巫術：

聖約翰看到母雞孵蛋，
就會有人畜死亡。

還有更可怕的：根據另一種說法，聖約翰看到孵蛋的母雞，就會「在走過時掐斷它們的脖子」。

這些可怕的威脅中，有某些異教奧義的痕跡，如斬雄雞頭的可怕習俗。這種習俗19世紀初仍在法國農村地區流行，直到法國政府在1815年明令禁止這種血腥的行為。

實際上，在聖約翰節時，母雞應該已經孵完第一批蛋，開始把小雞帶到草地或院子去覓食了。因此，如果到聖約翰節還有母雞孵蛋，是和時令不大配合。但是這種小錯卻換來這麼嚴厲的處罰，真使人訝異！

聖約翰節到，
手握鐮刀。

還有很多氣象方面的諺語和聖約翰節有關，尤其是和下雨有關的諺語。在法國，就像6月雨的連綿不斷，聖約翰節的雨也會下個不停：

聖約翰節下雨，就會長期下雨。

下個不停的雨帶來災難：

有了聖約翰的水，
就沒有小麥和葡萄酒。

另一個諺語表達類似的想法：

聖約翰的水沖走了葡萄酒，
連麵包也不會有。

穀物受到的影響特別大：

聖約翰節下雨，
大麥爛掉，小麥壞掉。

禍不單行。胡桃、榛子和橡栗這三種乾果（在法國，豬被放到橡樹林中去吃橡栗，所以乾果是豬的基本食糧）會因雨連綿不斷而遭受嚴重損失。

聖約翰節的雨，
把胡桃和橡栗也下光了。

或是：

下掉了榛子和橡栗。

榛子是現在很受歡迎的果子。在諺語中，提到榛子的次數，要比提到胡桃、扁桃、山毛櫸果實或橡栗的次數多得多。例如：

要是聖約翰對著榛樹撒尿，
榛子就沒有了。

夏天的聖約翰節要是下雨，
榛樹上就沒有榛子。

另一件倒霉事也和雨有關：

聖約翰淋雨，榛子爛掉。

謗語中，對聖約翰節下雨的看法有兩個要點：首先，聖約翰節是兩種「傾向」的交點：

聖約翰節前，下雨降福，

聖約翰節後，下雨作惡。

其次，它和四天之後的聖彼得節（6月29日）完全不同：

聖約翰欠了一場大雨。

他若不還，彼得就替他還。

颱風和下雨的情形差不多：

聖約翰不颱風，

聖彼得一定颱。

但是：

聖約翰節下雨，

聖彼得節天晴。

對果子來說，聖約翰節是個隆重節日。瞧，它們都豐收在望：

聖約翰節看到一個梨，

就有一百個梨。

聖約翰節看到一個蘋果，

就有一百個蘋果。

聖約翰節，醋栗變紅。

聖約翰節，葡萄枝上掛。

葡萄長得好，當年酒也就產得多：

聖約翰節，

青葡萄高高掛。

滾滾鈔票進帳。

果子談完，該談談動物。夜鶯和杜鵑是春天唱得最歡的兩種鳥，也最受人喜愛。雌鳥孵出小鳥，雄鳥為小鳥覓食。要是天氣好，它們就不鳴唱：

聖約翰節後，杜鵑歌唱，

天氣不佳。

聖約翰節到，

夜鶯不歌唱。

甚至說：

鳥兒都不歌唱。

## 12月25日：耶誕節

慶祝聖嬰耶穌降生的習俗，約4世紀以後才形成，7或8世紀起才開始普及。

在12月25日紀念耶穌降生。並沒有歷史意義：我們並不知道他降生的真正日期；卻有很大的象徵意義：12月25日是在冬至3天之後，而冬至是一年中黑夜最長的日子，也是每年世界由黑暗走向光明的第一天。

耶誕節的日期固定在每年的12月25日，而不像有些節日只訂在某星期的某一日。因此，耶誕節比其他任何節日更能做有效的天氣「預言」。耶誕節的天氣，可以預測第二年的天氣狀況。

耶誕之後十二天，

耶誕節和主顯節之間的日子。

想知道一年十二個月的天氣，

看看耶誕到主顯節的十二天。

耶誕之後十二天，

天氣變化慎觀察。

因為這十二天的天氣，
就代表一年十二個月的天氣。

　　有些地區把耶誕節後的12天稱做「陽日」或「命運日」。這12天，就好像年的縮小模型一樣，每一天代表一年中一個月的天氣。這種認為由小可以觀大的想法，是宇宙對應體系的觀念。

　　耶誕節和傳說中耶穌死後三天復活的日子復活節，是基督宗教中的兩個神聖節日。人們也常以復活節的天氣預測未來的天氣，但因為季節的差異，依據不同教會不同的計算方式，復活節的日期可能在3月23日到4月25日之間，復活節的天氣預測和耶誕節恰好形成鮮明的對照：

耶誕節上陽臺，復活節燒木柴。

　　另一種說法是：

耶誕節在灌木叢中，在臺階上，
復活節就把柴燒。

　　同樣的內容，還有另外幾種說法：

耶誕節蒼蠅飛，
復活節冰塊結。
耶誕節冰塊結，
復活節蒼蠅飛。
耶誕節一片綠，
復活節一片白。
耶誕節曬太陽，
復活節要燒耶誕的柴。
耶誕節找陰涼的地方，
復活節找有火爐的地方。

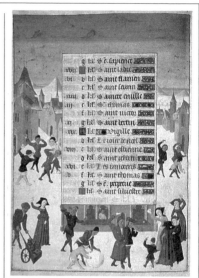

堆雪人，打雪仗：在傳統上，雪和耶誕節總是聯繫在一起。

　　另一個諺語中提到的，是節日的應節食品：耶誕節的蛋糕和復活節的雞蛋：

你吃熱的蛋糕，就在爐邊吃蛋。

　　更有趣的是，比利時瓦隆語區的諺語，對這個習俗看法不同：

你在門口吃蛋糕，
就在爐邊吃雞蛋。

　　耶誕節的天氣，尤其是耶誕節前夕和當天夜裡的天氣，可以預測第二年收成的好壞。如果天候乾冷下雪，更能有效預測。

耶誕嚴寒，麥穗飽滿。
耶誕結冰收成好，
耶誕暖和收成差，

耶誕早晨水結冰，
打穀場上糧滿積，
耶誕結霜，果酒滿倉。

　　耶誕節正逢朔望，特別是新月時、往往成爲諺語的題材。但這些諺語常常互相矛盾。

　　耶誕節「無月」或新月，代表凶兆：

耶誕無月，兩頭母牛少一頭。
耶誕無月，百隻母羊剩一隻。
耶誕無月，三捆不如一捆。

　　最後這個諺語意思是說，耶誕節無月，第二年收穫時，三捆麥子的麥粒，還沒有年成好時一捆麥子的麥粒多。唯一的安慰是：

耶誕無月，李子好年成。

　　耶誕節滿月也不是好事：

耶誕夜光亮，割下莊稼稀疏。

　　就是說麥子的收成少。同樣：

耶誕時節星滿空，
麥桿收的比麥粒多。
耶誕節時節月光明，
次年田裡長得稀。
耶誕之夜月光明，
賣掉牛隻來買麥。

　　總之，耶誕前後，月色明朗是不祥之兆。不過，有幾種水果例外：

耶誕節的月光越是明亮，
蘋果就長得越多越好。

　　耶誕夜的風也可以用來預測：

子夜彌撒出來時颳風，
第二年就會常常颳風。
耶誕大風，
水果豐收。

　　不管怎麼說，每年都得有個耶誕節，有個冬天，以休養生息：

耶誕節把冬天放在包袱裡背來，
它不是背在前面，就是背在後面。
在耶誕節和聖蠟節之間，
農民不再下田。
有醃好的肉，
耶誕節就不用愁。

　　對富人來說，耶誕節是豐盛的節日，但對窮人而言，這個節也許並不好過！

　　　傑克·塞拉爾（Jacques Cellard）與
　　　吉爾貝·杜布瓦（Gilbert Dubois）
　　　　　　　　《雨天和晴天的諺語》

### 古代海員的諺語

海員也和農民一樣，每天都得關心天氣。他們熟悉大自然的變化，具有豐富的「氣象學」知識。他們的諺語反映了這種現象。

古代的海員經常觀察天空和海洋，日

夜在風浪中航行，遍歷各大洋，積累起無數的經驗。他們用諺語概括航海的寶貴經驗，傳之於後代海員。

　　在沒有氣象預報，也沒有無線電的古代，還是得張帆起航。於是，海員們觀察月亮、太陽、雲和星星；根據雷電、烏雲和薄霧，預測天氣好壞，是否風平浪靜。

　　直到今天，許多海員還能根據這些諺語預測天氣。

### 預測好天氣

雲如球，內陸風。

薄雲如虹十指寬，
南方天晴不會假。

谷中起霧，可去捕魚。

黎明天色綠，東北風那邊起。

颱風底下裂開，
水都漏掉。

大海迎風捲，風向突然變。

四天蛾眉月下角尖，
好幾日天晴桅不斷。

日出時大：風小，
日落時小：風大。

月眉初現或滿月月明：
海員值班可太平。

蛾眉月時起霜，天氣好；
月虧期起霜，三天下雨。

西北風如大掃帚，
出現虹後天晴朗。

**預報壞天氣或大風**
太陽像月亮，內陸風或霧。

24小時太陽顯光環，下帆。

太陽在帆支索上，
海員準備厚上衣。

天色發紅，雲如馬尾，
最大的船也要收帆。

雲中長出貓鬍子，
風聲吹得響呼呼。

東北風下雨，不如蝸牛值錢。

西南風溫和，發怒時也會瘋。

月亮生光環，上桅不會倒，
船長看到它，等待大風來。

月亮下圓上生角。
陸地、海洋天氣壞。

月亮晚上生光環，
半夜颱風又下雨。

月亮黃如尿。大海淚如雨。

天上布滿小球雲，
婦女塗脂抹粉，
日子不長。

喬·克利普弗爾
(Joe Klipffel)
《海員預報天氣的諺語》

## 反覆無常的天氣

生活中還有什麼比天氣更重要
的呢？天氣一旦反常，就會出
現各種聞所未聞的情況，使人
們驚惶失措。人們對自然的反
常無能為力，只好忍受變幻莫
測的天氣。

火車被雪堵住。

罕見的景象：加拿大尼亞加拉瀑布（Niagara）結冰。

1912年1月，寒流特別厲害：一艘橫渡大西洋的客輪在紐約港外被冰覆蓋。

牧羊人眼看自己的羊群遭到雷擊，卻無能爲力。

農機遭到雷擊。

# 聖約翰節

在西方，聖約翰節
既是夏至，也是冬至，
兼指兩個日子。
人們常以為，這兩個節日，是
古代太陽崇拜的遺俗。
但觀察結果發現，
古代太陽崇拜的痕跡，
雖然不能說完全沒有，
卻已十分罕見。
翻遍文獻，看來我們只能說，
這兩個節日的歷史並不簡單。

## 夏至和冬至

夏至和冬至，是一年兩次太陽離地球赤道最遠的時候。

夏至時，在地球上某一點的正午，太陽升得比一年中其他任何日子都要高；而冬至時，通過該點子午面時降得最低。

在北半球，夏至出現在 6 月21日至23日中的一天，是夏天的開始，一年中最長的日子；冬至則出現在12月22至24日中的一天，是冬天開始，一年中最短的日子。在南半球則恰恰相反。

法文中的 solstice（夏、冬至）這個詞，來自拉丁文 solstitium，由 sol（地），soleil（太陽）和 sistere（停止）構成。

但為什麼字裡有停止的意思呢？因為太陽達到天上最高或最低之點時，彷彿靜止不動：白晝最長和最短的日子前後，白晝時間的變化很小。因此，古代人很難確定夏至和冬至的確切日期，把12月25日當作冬至日來過也沒什麼大錯。

## 聖約翰節

看來，基督敎並沒有從太陽崇拜的習俗中吸取很多東西。不過，基督的太陽形象並不少見。

聖路加（Saint Luc）提到施洗聖約翰的父親撒迦利亞（Zacharie）曾預言耶穌的來臨……「上帝叫清晨

聖約翰節時燃起火堆仍是很受歡迎的習俗。圖內，人們堆起巨大的柴堆，慶祝夏至。

的日光從高天臨到我們，要照亮坐在死蔭幽谷中的人」。在這裡，基督被看成清晨的日光。

　　最早宣示基督既將降臨的預言中，救世主的形象，是〈聖經，瑪拉基書〉中所說的「公義的日頭」。但是，禮拜儀式和祭禮之中，卻更能看到太陽神話的痕跡：最早的基督教徒面東祈禱；而最早的教堂則像希臘和羅馬的廟宇一樣，朝向太陽升起的地方。

　　教堂的朝向會影響信徒和主祭儀式朝拜的方向。4世紀初起，朝著東方的不再是教堂的正面，而是半圓形的後殿。初期的洗禮儀式中，入教者先要對著黑夜降臨的西方，和魔鬼斷

聖約翰節時，下不列塔尼地區的村民圍著熄滅的火走三圈，並祈禱著扔塊石頭到火堆裡。

絕關係；然後面朝太陽升起的東方，與基督進行溝通。

多至時，太陽到達天上的最低點，然後重新上升。基督教用慶祝基督誕生的神話吸收取代異教的冬至節日，卻沒法也把夏至節日取代。至今，慶祝6月24日聖約翰節的許多傳統民俗活動，仍帶有許多異教的神秘色彩。

在法國，6月23日太陽落山時，人們帶著柴火來到村中的廣場，然後把柴堆成金字塔形狀。當地教堂的神甫領著儀式行列，引燃柴堆。每戶家長拿一束柴在火上點著，第二天的黎明之前插在牲畜棚的門上。然後，村裡的年輕人圍著火堆跳舞。舞蹈結束，他們跳過火堆，把火堆的餘薪帶回家。當天晚上，男人們在山坡的頂上，用麥桿綑成圓柱形的巨大草捆，用一根很長的木桿穿過草捆，點著火後，推下山坡。當燃燒的草捆滾到半山腰時，等在那兒的婦女就大聲叫喊，歡迎男人和火。

山區的人則以傳統的登山活動慶

祝聖約翰節。人們在天亮前爬上山頂，觀看日出。當太陽出來時，他們就愉快的叫喊，並傾聽遠處的回聲。山谷裡鐘聲齊鳴，喚醒所有的居民。到山上去看日出的人們回來時，把芳香的藥草帶回村莊，分給別人治病。

整個歐洲地區至少有幾個例子，可據以探討太陽崇拜和夏至、冬至節日的關係。

冬至節日本來可能也是異教節日，是羅馬皇帝奧勒里安（Aurélien）慶祝「看不見的太陽」的節日。天主教會把這個節日轉變成耶誕節後，原本和夏至節日類似，也慶祝太陽的冬至節日就消失了。但夏至節日的傳統根源，也許可以追溯到和土地有關的巫術中，因為太陽是豐收的保證。和冬至節日相比，夏日節日歷史更為悠久，在農民生活中紮下的根更深、更廣，也就較不容易為宗教所吸收。

基督教把12月25日變成慶祝耶穌誕生的節日。也把6月24日變成慶祝聖約翰誕生的節日。這個約翰指的是替耶穌施洗的施洗約翰。

在某些傳說中，施洗聖約翰出生的月日早於耶穌出生的月日，因為施洗約翰傳道在前，耶穌傳道在後。在夏至和冬至慶祝的這兩個生日，把一年平分為二，施洗約翰的生日在前，耶穌生日在後。

有趣的是，天主教會竟然利用太陽的形象來證明6月24日是施洗約翰的生日。施洗約翰在談到耶穌時，說自己只是他微不足道的先驅，並說：「要讓他變大，使我縮小。」夏至過了以後，白晝確實逐漸縮短。

在地球上的任何地方，夏至之後，太陽在天空中都越來越高。但這個現象對各地白晝長短的影響不一。

在赤道，一年之中或任何時間，白晝和黑夜都一樣長，各為12個小時。在南北極，卻是連續六個月黑夜，再連續六個月白天。

在中緯度，也是溫帶地區，太陽高度的變化造成白晝長短的「適當」變化，夏至和冬至給予老百姓的印象也就最深刻。

韋爾代
(J.-P. Verdet)

# 圖片目錄與出處

## 封面

1811年著名彗星出現情景。19世紀石版畫。巴黎 Carnavalet 博物館。

## 書脊

太陽。版畫。原載《疾走如飛的阿塔蘭特》。米歇爾·馬耶作。私人收藏。

## 封底

月蝕景像。原載阿比亞努斯《凱撒時期的天文學》，1540年。巴黎天文臺圖書館。

## 扉頁

**1-7** 版畫。原載盧比尼茲《彗星目睹記》，第二卷，1667年。巴黎國立圖書館。
**9** 〈對月亮撒尿〉。老勃魯蓋爾作。van der Berg 博物館。

## 第一章

**10** 觀天。彩色版畫。原載波蘭天文學家 Hevelius《月面圖》，1647年。巴黎國立圖書館。
**11** 1157年太陽出現在二月之間。版畫。原載康拉德·利科斯坦《異象錄》，1550年左右瑞士巴塞爾版。
**12-13** 石林。Richard Tongue 作，1837年。
**13 上** 法國阿維農附近多姆懸岩上的石頭。阿維農 Calvet 博物館。
**14 上** 月亮繞地球運轉時和太陽相對位置圖。版畫。原載阿比亞努斯《宇宙圖》，1581年版。
**14 下** 太陽運行圖。原載13世紀法國普羅旺斯藥典。西班牙馬德里 Escorial 圖書館。

**15** 月球運轉與太陽相對位置圖。出處同上。
**16** 1716年3月18日天空異象圖。18世紀版畫。
**17** 《觀天》。浮雕。義大利雕刻家 Andrea Pisano 作。義大利佛羅倫斯 Dôme 博物館。
**18** 希伯來人征服迦南，約書亞讓日、月停駐。木版畫。Womlgemuth 作，1491年。德國紐倫堡。
**19 左** 風輪。版畫。原載15世紀星相學著作。義大利威尼斯 Marciana 圖書館。
**19 右** 馬蒂厄·拉恩斯貝爾曆書真本書名頁。1789年，比利時列日版。巴黎民間藝術及傳統博物館圖書館。
**20** 忠實的騎士騎著白馬，去和撒旦戰鬥。細密畫。原載《洛瑙的聖約翰的啟示錄》，12世紀。
**21** 七大行星。原載《牧羊人大曆書》，1490年。
**22** 洪水。原載《路德版聖經》，1534年。倫敦聖經公會出版。
**23** 洪水傳說。19世紀彩色版畫。巴黎國立圖書館。

## 第二章

**24** 天上的各層。N. Oresme 繪。原載《天空與世界之書》，1377年。巴黎國立圖書館。
**25** 布特哈蒙（Butehamon）石棺中描述宇宙起源的畫。義大利都靈古埃及博物館。
**26** 哲學家和教士。15世紀彩色木版畫。原載《通俗天文學》，1880年。巴黎弗拉馬里翁出版社。
**27** 象徵天的環形壁，戰國末期文物。長沙出土。巴黎 Cernuschi 博物館。
**28** 宙斯。1800年左右彩色石版畫。巴黎民間藝術及傳統博物館。
**29** 創世。19世紀末彩色石版畫。出處同上。
**30** 雙子星座、獵戶星座和大熊星座。細密畫，原載14世紀星相學著作。義大利威尼斯

Marciana 圖書館。

**31** 上／下　星座。出處同上。

**32** 大熊星座。17世紀波斯細密畫，據
El-Husein 星書中的插圖複製，埃及開羅國
立圖書館。

**33** 天龍星座。出處同上。

**34** 上　牧羊星。原載《牧羊人大曆書》，1490
年。

**34** 下　天和天下面的四個世界，西伯利亞東
部楚特奇地區畫作。

**35** 易洛魁面具，表示東方和西方，早晨和
晚上。加拿大，1890年左右作品。私人收藏。

**36** 左　魁扎爾科亞特爾誕生。阿茲特克雕刻。
墨西哥國立人類學博物館。

**36** 右　墨西哥古城圖拉晨星廟男像柱細部。

**37** 維納斯，佩魯吉諾作。羅馬 Cambio 學
院。

**38** 黃道十二宮。原載 Raban Maus《論宇
宙》，15世紀手抄本。法國 Cassin 山修道院。

**39** 黃道十二宮。原載《貝里公爵春風得意
時》。法國 Chantilly 市 Condé 博物館。

**40-41** 黃道十二宮。原載 Antoine de
Navarre 日課經，15世紀末。英國牛津
Bodleian 出版社出版。

**42** 上　去算命。版畫。據17世紀荷蘭畫家
Adrien van Ostade 作品作。

**42** 下　16世紀接生。木版畫。原載 Jacob
Rueff《論懷孕生育》，1580年法蘭克福版。
原巴黎醫學院圖書館。

**43** 天空。細密畫。原載英人巴黎勒米《事
物特性論》，15世紀。巴黎國立圖書館。

**44** 太陽。版畫。原載15世紀《論天球》。義
大利 Modène 圖書館。

**45** 月亮。出處同上。

**46** 土星。出處同上。

**47** 木星。出處同上。

**48-49** 銀河。石版畫。原載阿梅代・吉耶曼
（Amédée Guillemin）《天空》，1877年。

---

## 第三章

**50** 基督與死神。版畫。Womlgemuth 作，
1491年。德國紐倫堡。

**51** 阿茲特克人挖心獻祭。格拉茲（Graz）
複製。

**52** 阿茲特克人祭獻情景。版畫。原載《新
西班牙大事記》。複製品。巴黎人類博物館圖
書館。

**53** 阿茲特克曆本，或稱太陽石。玄武岩質
巨石。蒙泰祖馬二世統治時期（1502-1520）
雕成。墨西哥國立人類學博物館。

**54** 國王梅利希帕克二世引女見女神納奈。
古美索不達米亞 Kassite 王朝時期界碑（細
部）。巴黎羅浮宮博物館。

**55** 上　馬銜，伊朗洛雷斯坦青銅器。巴黎羅
浮宮博物館。

**55** 下　月神科約爾紹基巨像頭部。墨西哥國
立人類學博利館。

**56** 日月相爭。版畫。原載6世紀末煉金術手
抄本《太陽的光輝》。

**57** 月亮上的人。19世紀版畫。作者不詳。

**58** 月中兔。版畫。原載《新西班牙大事記》
第七卷。巴黎人類博物館圖書館。

**59** 玉兔。原載日本童話《月百姿》。巴黎裝
飾藝術圖書館。

**60-61** 月亮影響婦女。17世紀版畫。巴黎
Carnavalet 博物館。

**62-63** 四季。彩色版畫。

**64-65** 上　攪拌乳海製蘇摩。19世紀末印度
民間繪畫。巴黎圖立圖書館。

**64-65** 下　眾神享用蘇摩。19世紀末印度民
間繪畫。巴黎國立圖書館。

**66** 水與生育女神寧巴，幾內亞塑像。巴黎
人類博物館。

**67** 路易十四身著芭蕾舞劇《夜》的戲服扮
演阿波羅。版畫。17世紀作品。巴黎國立國書
館。

**68** 日本的太陽崇拜。原載朔切格《聖書》，
1733。

**69** 印加金製太陽面具。厄瓜多爾基多中央
銀行博物館。

**70** 上　埃及神拉的太陽眼睛。古埃及二十一
王朝草紙畫細部。

**70** 下　在太陽船上，白鶺伴隨著何露斯。古
埃及十九王朝時，底比斯城大公基管理官員
Sennedjem 墓中的畫。

**71**　公牛神阿匹斯兩角間夾著日輪。古埃及十九王朝時，底比斯城紙莎草紙畫。

## 第四章

**72**　1858年10月4日在巴黎看到的 Donati 彗星。石版畫，原載阿梅代·吉耶曼《天空》，1877。

**73**　主管月蝕的惡魔羅睺，印度雕塑。

**74**　月蝕，原載《論天球》，1472年。

**74-75**　耶穌受難像。細密畫。12至13世紀美尼亞 Ispahan 作品。

**75 右**　日蝕。原載《論天球》，1472年。

**76**　太陽月亮共浴。彩色版畫。Théodore de Bry 作，1618年。巴黎國立圖書館。

**77**　秘魯人在月蝕時呼天搶地。版畫。19世紀作品，巴黎裝飾藝術圖書館。

**78 上**　噴射彗星的火山口（巨爵座），原載盧比尼茲《彗星目睹記》。巴黎國立圖書館。

**78-79**　漢堡的流星雨。出處同上。

**80-81**　彗星帶來的種種災難。出處同上。

**82-83**　彗星的種種形狀。出處同上。

**82 右**　彗星形狀示意圖，根據馬王堆所發現的帛書圖譜畫出。馬王堆帛書圖譜約是公元前300年的作品，是世上最早的彗星圖譜。

**84 上**　彗星災難。木版畫。德國，1556年。

**84 下**　彗星出現。原載 Véron 和 G.A Tammann 所著《天文學史》。巴黎天文臺圖書館。

**85**　1664年8月彗星觀察紀錄。原載盧比尼茲《彗星目睹記》。巴黎國立圖書館。

**86**　1872年11月27日的流星雨。石版畫。原載阿梅代·吉耶曼《天空》，1877年。

**87**　版畫。原載1579年里昂版《牧羊人大曆書》。

**88 下**　諾登舍爾德1870年在 Ovifak 發現的鐵隕石。版畫。原載阿梅代·吉耶曼《天空》，1877年。

**89**　Quenngouck 火流星爆炸。石版畫，原載阿梅代·吉耶曼《天空》。

**90**　〈雅各天梯〉，阿維農畫派1490年代作品。法國阿維農小宮殿博物館。

**91**　伊斯蘭教聖石克爾白。16世紀彩釉陶磚

畫。埃及開羅博物館。

**92**　雷田雨。19世紀民間版畫。巴黎國立圖書館。

**93 下**　宙斯。公元前6世紀雕塑。希臘雅典國立博物館。

**93 上**　雷石。巴黎民間藝術及傳統博物館。

**94**　雷擊之災。1820年還願畫。法國阿洛施（Allauch）城堡聖母院。

**95**　聖多納圖斯。埃皮納勒鎮作品，1840年代。巴黎 Carnavalet 博物館。

**96**　1743年12月28日在西班牙 Carthagène 天空異象。18世紀中期俄國民間版畫。

**97**　1736年斯蘭克市天空異象。19世紀中期俄國民間版畫。

## 第五章

**98**　〈墮落天使〉。老勃魯蓋爾作。比利時布魯塞爾美術博物館。

**99**　風神埃俄羅斯。細密畫。義大利 Sienne Piccolomini 出版社。

**100-101 上**　耕耘。原載維吉爾《農事詩》，1517年手抄本。

**100-101 下**　天災。出處同上。

**102**　風的力量。原載維吉爾《埃涅阿斯紀》，1517年手抄本。

**103**　魔鬼帕祖祖。亞述青銅雕刻。巴黎羅浮宮博物館。

**104**　羅盤方位標。版畫。原載《地圖冊》，1547年荷蘭阿姆斯特丹版。

**105**　風。版畫。Théodore de Bry 作，1618年。巴黎國立圖書館。

**106-107**　風。義大利佛羅倫斯 Labia 宮壁畫，Tiepolo 作。

**108**　金掛飾，馬里巴烏來河（baoulé）流域藝術品。塞內加爾達卡法蘭西學院博物館。

**109**　普勒阿得斯七姐妹。細密畫。原載13世紀 Aratea 手抄本。

**110**　14世紀民間木版畫。

**111 上**　同上。

**111 下**　雨神和植物豐饒之神特拉洛克。阿茲特克藝術品。義大利佛羅倫斯國立圖書館。

**112**　1910年洪水。20世紀初作品，作者不

詳。巴黎民間藝術及傳統博物館。

**113** 洪水。彩色木版畫。

**114-115** 河水暴漲。還願畫。上有題名 Jean-Baptiste Michel，及日期1822年11月19日。法國阿洛施城堡聖母院。

**116-117** 雷擊木屋。還願畫。法國 Hyères 安慰聖母院。

**118-119** 風暴。還願畫。法國阿洛施城堡聖母院。

**121** 虹。細密畫。原載加茲維尼《異象錄》，1280年。伊拉克瓦西特市市立圖書館。

**120-121** 朱比特，18世紀彩色版畫。

**122** 虹，澳洲作品。作者不詳。

**123** 虹，澳洲原住民繪畫。巴黎非洲及大洋洲藝術博物館。

**124** 1168年幻月景象。版畫。原載康拉德·利科斯坦《異象錄》。約1550年，瑞士巴塞爾版。

**125** 1636年2月幻日。彩色版畫。巴黎國立圖書館。

**126** 極光。石版畫。原載 Haeckel《異象錄》。巴黎國家自然歷史博物館圖書館。

**127** 天象。巴黎國立圖書館。

**128** 南半球的天空。石版畫。原載阿梅代·吉耶曼《天空》，1877年。

**129-136** 星圖。洪景川繪。

## 見證與文獻

**137-138** 星圖，洪景川繪。

**139** 月亮和小丑。19世紀玩具。

**140** 彗星。17世紀版畫。

**141** 1577年11月12日彗星出現。16世紀木版畫。

**143** 日蝕。版畫。原載 Sacrobosco《論天球》，1535年巴黎版。

**144** 觀看日蝕的人群。照片。1912年4月17日攝於巴黎。

**145** 同上。

**146** 1937年出現在義大利的流星。原載《星期日郵報》。

**149** 聖愛爾摩之火。版畫。Gustave Doré 作。

**150** 聖約翰聽聖母口述寫下《啓示錄》。版畫。

**152** 《啓示錄》：最後審判。木版畫。Dürer 作。巴黎國立圖書館。

**154** 霧月，革命曆。版畫。Fresco 作。巴黎 Carnavalet 博物館。

**155 右上** 共和曆2年曆本。巴黎 Carnavalet 博物館。

**155 右下** 共和曆2年曆本。巴黎 Carnavalet 博物館。

**156-157** 革命曆。巴黎 Carnavalet 博物館。

**159** 流動畫販。版畫。據 Jules David 原畫所作。

**160** 16世紀木版畫。原載於牧羊人大曆書。

**161** 農民曆書插圖。1792年法國 Troyes 版。

**162** 諾斯特拉達穆斯肖像。版畫。

**164** 塞巴斯蒂昂·布蘭特肖像。16世紀版畫。

**165-167** 塞巴斯蒂昂·布蘭特《愚人船》書中插圖。16世紀瑞士巴塞爾版。

**168** 版畫。原載 Thomas Murner《陳述的邏輯》，16世紀比利時布魯塞爾版。

**171** 男人用耙子撈月。19世紀版畫。

**173** 日與月。木版畫。

**175** 6月。版畫，原載《牧羊人大曆書》。

**178** 12月。細密畫。摘自《勃艮第公爵夫人的吉時良辰》。法國 Chantilly 市 Condé 博物館。

**179** 聖誕夜雪球仗。石版畫。

**180** 船遇風暴。Marc Berthier 作。

**181** 海員還願畫。彩色版畫。

**182上** 雪封火車。原載1892年法國 1 月28日《小日報》。

**182下** 加拿大尼亞加拉瀑布結冰。照片。

**183** 寒流襲擊美國。原載1912年《小日報》。

**184** 雷擊羊群。版畫。原載《小日報》圖片增刊。

**185** 雷劈農機。版畫。19世紀作品。

**186** 圍着火堆走。照片。20世紀初。

**187** 1934年聖約翰節柴堆。

**188** 法國北濱海省聖約翰節火堆。版畫。

**189** 牧羊人和牧羊女跳舞。版畫。

## 誌　謝

太極天文休閒聯誼會企劃部主任洪景川先生，為本書繪製了台灣的星空圖，也就星圖
製作方式提供意見，謹此誌謝。

# 出版者的信

寫這封信的時候，我有兩種立場：一種是出版者的，一種是當一個父親的。

身爲出版者，我很自傲於這個工作與其他行業之不同：我們所服務的，是讀者的智慧；我們的每個產品，都有可能對全體人類發生深遠的影響。因此我很喜愛自己的工作，也忙碌於工作。

但是，不論埋首於案邊的報表，抑或飛行於各個書展之間，心中不時泛起一個惦念：我自己孩子的教育與閱讀。就一個成長期孩子的父親而言，我親自引導他進入知識領域的時間太少了。借用一種說法：你能爲全天下人盡力，卻疏忽了自己孩子的成長，這又是多大的遺憾。

我相信這也是今天許多父母親的惦念。

因此，大約從五年前開始，我一直在尋找一個可以同時滿足我兩種立場的答案：一方面，我能夠把長期努力的摸索實現爲成果，提供讀者一種新奇而有益的閱讀機會；一方面，也可以指引我自己孩子的成長——尤其在我沒法陪伴他一起閱讀的時候。

在我構想中，這一套書籍，應該具備幾項特點：

●在題材的方向上，要擺脫狹隘的實用主義，能夠就一個人智慧的全方位發展，提供多元又豐富的選擇。

●在寫作的角度上，能夠跨越中國本位，以及近代過度受美、日文化之影響，爲讀者提供接近世界觀的思考角度，因應國際化時代的需求。

●在設計與製作上，能夠呼應影像時代的視覺需求，以及富裕時代的精緻品味。

現在，經過漫長的摸索與企劃，我們終於推出了一個嘗試──《發現之旅》。

《發現之旅》主要參考了法國Gallimard出版公司Découvertes叢書的編輯精神。前面四輯，從Découvertes的200種書中選了40種推介給國內讀者；第五輯開始，則將推出結合海峽兩岸學者、專家的創作結晶。

回顧起來，這套叢書大致符合我們所想要嘗試的出版可能。這套書不只適合推薦給成長期的讀者，也是所有成年人探索知識的隨身伴侶──只要他對多元的知識領域還有探索的興趣。當然，在智慧的範疇裡，我們每個人都永遠處於成長期。

我必須感謝所有的企劃、寫作、翻譯、設計人士，及參與工作的全體同仁。沒有大家，我的心願無法成眞，也沒有機會在這裡高興地寫這封信了。

不論從哪一種立場，我都眞心向大家推薦這套《發現之旅》。

發現之旅09

# 星空
## 諸神的花園

原　　　著——Jean-Pierre Verdet
譯　　　者——徐和謹
董 事 長
發 行 人 ——孫思照
總 經 理——莫昭平
總 編 輯——林馨琴
出 版 者——時報文化出版企業股份有限公司
　　　　　　108台北市和平西路三段240號三樓
　　　　　　發行專線——(02)2306-6842
　　　　　　讀者服務專線——0800-231-705・(02)2304-7103
　　　　　　讀者服務傳真——(02)2304-6858
　　　　　　郵撥——01038540時報出版公司
　　　　　　信箱——台北郵政79～99信箱
時報悅讀網——http://www.readingtimes.com.tw
電子郵件信箱——ctpc@readingtimes.com.tw

印製監督——孫錦本
美術編輯——張士勇、莊雅惠、姜美珠、劉茂添
主　　　編——廖立文
執行編輯——賴治怡
印　　　刷——富昇印刷股份有限公司
初版一刷——一九九四年五月三十一日
初版十刷——二○○四年五月十日
定　　　價——新台幣二五○元

⊙行政院新聞局局版北市業字第八○號
版權所有　翻印必究
(缺頁或破損的書，請寄回更換)

國立中央圖書館出版品預行編目資料

星空：諸神的花園／Jean-Pierre Verdet原著
；徐和瑾譯. --初版. --臺北市：時報文化
, 1994[民83]
　　面；　公分. --(發現之旅；9)
譯自：Le ciel-ordre et desordre
含索引
ISBN　957-13-1154-5(平裝)


1.天文學


320　　　　　　　　　　　　　　83003669